Marc Dahlbeck

REISEZUGWAGEN DER DDR

seit 1949

transpress

Einbandgestaltung: Luis dos Santos
Fotos: J. Stender, unten links: M. Dahlbeck, unten rechts: VEB Waggonbau Bautzen

Bildnachweis: Die zur Illustration dieses Buches verwendeten Aufnahmen stammen von:
Bürgel, Sven: 107ol; **Eisenbahnstiftung:** 6o, 6u, 7o, 7M, 7u, 8, 9o, 12, 13, 18ul, 21u, 22o, 28, 29o, 34l, 37o, 42, 59ol, 63ol, 72, 73, 82, 83u, 84, 85r, 91M, 93u, 101u, 113ul, 117M, 118, 119, 120, 128, 130, 131ul, 131ur, 132, 133o, 133u, 134, 135u, 136; **Erdmann, Peter:** 55u, 58u, 59u, 83o, 89o, 105o, 121o **Gedenkstätte Berlin-Hohenschönhausen:** 113ul; **Grundmann, Gerhard:** 16; **Heiderich, Helmut:** 11l; **Höltge, Michael:** 63u, 67M, 87ur, 111o; **Stender, Joachim:** 10o, 10u, 20, 24, 25, 26ul, 29u, 30, 31o, 34r, 36, 37u, 38, 43r, 45, 46o, 46u, 49o, 59or, 65ul, 68u, 67ur, 95o, 97u, 102, 103o, 107u, 108o, 108u, 109o, 109u, 111o, 111u, 112, 121ul, 121ur, 125ul, 137; **Theurich, Wolfgang:** 58o, 59M, 61, 62, 64, 65ur, 66, 74, 75o, 92, 93o, 96, 98, 99, 100, 101ol, 101or; **VEB Waggonbau Bautzen:** 9u, 26o, 26ur, 27, 32, 33o, 35l, 35r, 39, 40, 41 l, 41r, 48, 49u, 51l, 51r, 67u, 68o, 67ul, 79, 85ol, 85ul, 87ul, 88, 89u, 90, 91u, 94, 97o, 107ol, 113o, 114, 115or, 115u, 116, 117u, 126, 127o, 127ul, 127ur, 129ul, 129ur,
alle anderen vom Verfasser.

ISBN 978-3-613-71679-7

2. Auflage 2025

Sie finden uns im Internet unter www.transpress.de

Lektor: Hartmut Lange
Innengestaltung: Jürgen Knopf
Repro: Medien und Printprodukte, 74321 Bietigheim-Bissingen
Druck + Bindung: Graspo
Printed in Czech Republic

Liebe Leserinnen, liebe Leser,
das vor Ihnen liegende Buch beschäftigt sich mit den Reisezugwagen, die die Deutsche Reichsbahn der DDR in den Jahren zwischen 1950 und 1993 in ihren Bestand aufnahm. Es erschien zuvor bereits erfolgreich in der Reihe »Typenkompass« und wurde für die Neuauflage überarbeitet.

Sein Inhalt spannt den Bogen von den ersten Schürzenwagen, die sich noch stark an die Vorkriegs-Schürzenwagen anlehnen, bis zu den InterCity-, InterRegio- und RegionalBahn-Wagen, die in der letzten Phase der Reichsbahn noch in deren Bestand gelangten. Zwischen den Schürzenwagen und den modernen Wagen liegen zahlreiche wichtige Typenreihen. Dazu gehören die bekannten nur 18,7 m langen »Reko«-Wagen, die Modernisierungswagen, die 24, 5 m langen Typen B, Y, und Y/B 70, sowie die 26,4 m langen »Langen Halberstädter«. Eine gewisse Sonderstellung nehmen dabei die Wagen für die Städteexpress-Züge ein. Ganz typisch für den Nah- und Regionalverkehr in der DDR waren die zwei, vier und fünfteiligen Doppelstock-Gliederzüge, die lange Zeit das Bild der Züge prägten.

Alle diese Typen mit ihren Unterbauarten wie Speise-, Schlaf- und Liegewagen werden kompakt in diesem Buch vorgestellt.

Nicht vergessen werden auch die Sonderwagen der DDR-Regierung, des Ministeriums für Verkehrswesen und des Ministeriums der nationalen Verteidigung sowie Prototypen und Versuchswagen, die nie in Serie gingen. Gepäckwagen, Postwagen und von der Reichsbahn rekonstruierten Schmalspurwagen unterschiedlicher Spurweiten runden diesen Band ab.

Thomas Estler †

Nachruf Thomas Estler

Die beiden ersten Auflagen dieses Buches verfasste Thomas Estler, der völlig überraschend am 12. September 2022 im Alter von 64 Jahren verstarb.

Der studierte Diplom-Kaufmann arbeitete zunächst viele Jahre bei der SVU GmbH in Stuttgart (Stadtentwicklung, Verkehr, Umwelt), zuletzt als Geschäftsführer.

Als Selbständiger hatte er aber auch die Möglichkeit, sich ausführlich der Eisenbahn und Eisenbahnfotografie zu widmen. Durch Veränderungen seines Arbeitsbereichs verschob sich der Schwerpunkt seiner Arbeit in den letzten Jahren in Richtung Autorentätigkeit und er veröffentlichte bei mehreren Verlagen zahlreiche Bücher und Fotografien zum Thema Eisenbahn.

So war er seit Ende der 1990er Jahre beim Transpress-Verlag in Stuttgart aktiv, bei dem er nach seinem Reiseführer Baden-Württemberg, mehrere Baureihen-Büchern und den Bänden zum Hochgeschwindigkeitsverkehr der Welt einen Großteil der »Typenkompass«-Reihe bearbeitete. Sein letztes Werk widmete er zusammen mit Burckhard Wollny den Eisenbahnen im Raum Stuttgart.

Im Hause GeraMond erschienen von ihm das Baureihenbuch »E 11/E 42« sowie der Bildband »Stuttgart Hauptbahnhof«, außerdem unterstütze der die Sammeledition »Wagen« und die Reihe »Typenatlas« mit seinen Aufnahmen.

Den Schweizer Lokomotiven galt sein Interesse ebenfalls und verfasste in der Edition Lan AG zwei Bücher über elektrische Lokomotiven der SBB.

Bei der Zeitschrift Fern-Express war er als Redakteur tätig und berichtete ausführlich über die Eisenbahn in den USA.

INHALT

5. LIEGE- UND SCHLAFWAGEN

6. SONDERWAGEN

7. GEPÄCKWAGEN

8. POSTWAGEN

Die Entwicklung der Reisezugwagen bei der DR

Nach dem Zweiten Weltkrieg lag das Hauptaugenmerk der Deutschen Reichsbahn der DDR (DR) auf der Beseitigung von Kriegsschäden und auf der Einrichtung eines planmäßigen Eisenbahnverkehrs auf ihren Strecken.
Im Bereich Reisezugwagen waren nach dem Krieg zahlreiche Wagen ausländischer Verwaltungen in der sowjetischen Besatzungszone verblieben, welche die sowjetische Besatzungsmacht und später die DDR nicht zurückgaben, sondern in den Park der Deutschen Reichsbahn einreihten. Diese Wagen erhöhten noch einmal die Vielzahl der Bauarten an deutschen Länderbahn- und Vorkriegswagen, welche die Reichsbahn in ihrem Bestand hatte. Um diesen Umstand zu ändern und den Komfort der Reisezüge auf einen zeitgemäßen Stand zu bringen, begann die Reichsbahn 1950 mit der Beschaffung neuer Reisezugwagen. Der VEB Bautzen lieferte zunächst mehrere Bauarten, welche sich an die Schürzenwagen der Vorkriegszeit anlehnten. Weil es Anfang der 1950er Jahre vordringlich darum ging, den Nah- und Vorortverkehr effizienter zu gestalten, bestellte die Reichsbahn zunächst die Ausführung für dieses Einsatzgebiet, die Schnellzugwagen wurden erst einmal zurückgestellt. Gleichzeitig setzte sie im Arbeiterverkehr auf Doppelstockwagen und ließ beim VEB Waggonbau Görlitz zwei- und vierteilige Wagenzüge entwickeln, die sich an den alten Doppelstockwagen der Lübeck-Büchener Eisenbahn (LBE) orientierten. Diese Wagen bewährten sich so gut, dass sie bis weit in die 1970er Jahre mit zahlreichen Änderungen – auch für den Fernverkehr – weiterbeschafft wurden. Bei den letzten Fahrzeugen ging man allerdings vom Prinzip des Gliederzugs ab und baute Einzelwagen. Trotz der Neubeschaffungen konnte die Reichsbahn aber nicht auf die alten Reisezugwagen

verzichten und stellte umfangreiche Rekonstruktions- und Modernisierungsprogramme auf die Beine, in denen die meisten der alten Fahrzeuge komplett umgebaut und der Zeit angepasst wurden.
In den 1960er Jahren legten die » Union Internationale des Chemins de fer« (UIC) und die »Organisation für die Zusammenarbeit der Eisenbahnen« (OsshD) einheitliche Richtlinien für Reisezugwagen fest, um den Übergang der Wagen zwischen den Bahnverwaltungen zu vereinfachen. Es entstanden mehrere Typen, an die sich die Bahnen bei der Beschaffung halten sollten. Darunter ist auch der 24,5 m lange Typ B, für den sich die Reichsbahn und andere osteuropäische Bahnen entschieden. Ab 1962 gingen die neuen Wagen in Serie und die Reichsbahn stellte sie in mehreren Ausführungen, darunter auch Speise- und Schlafwagen in Dienst. Der Typ B war nur bedingt international einsatzfähig, deshalb ging man später zu den Typen Y und Y/B 70 über.
Einer der Gründe für die Beschaffung der nur 24,5 m langen Wagen waren kurze Schiebebühnen in einigen Ausbesserungswerken. Nachdem man diese verlängert hatte, begann in den 1980er Jahren der Bau von 26,4 m langen Reisezugwagen. Man entschied sich für den Typ Z der UIC und fertigte zunächst einmal Probewagen, aus denen später die bekannten »langen Halberstädter« hervorgingen.
Zunächst wurden »normale« Reisezugwagen mit Großräumen oder Abteilen mit Seitengang gebaut. Nach der Wiedervereinigung beider deutscher Staaten und der Übernahme der DB-Produkte InterCity, InterRegio und RegionalBahn erfüllten die Wagen aber nicht mehr die Anforderungen und ein Großteil von ihnen wurde in IR-Wagen und moderne RB-Wagen umgebaut. Dies geschah auch mit den Doppelstockeinzelwagen.
1994 ging die Deutsche Reichsbahn zusammen mit der Deutschen Bundesbahn in der Deutschen Bahn AG auf und der Wagenpark wurde von der DB AG übernommen. Kurz darauf begann die Ausmusterung der Reko-Wagen, der Doppelstockgliederzüge und der 24,5 m langen Wagen. Heute sind nur noch wenige ehemalige Reichsbahnwagen bei der Deutschen

Bahn anzutreffen. Einige lange Halberstädter und Doppelstock-Einzelwagen wurden von Privatbahnen gekauft und sind heute noch in modernisierter Form im Einsatz. Auch bei zahlreichen Museumsbahnen sind die Fahrzeuge noch zu finden.

Schürzenwagen

Nachdem die Deutsche Reichsbahn der DDR (DR) bis in die 1950er Jahre vordringlich bemüht war, ihre alten und teilweise durch den Zweiten Weltkrieg beschädigten Reisezugwagen aufzuarbeiten und wieder einsatzfähig zu machen, zeigte sich bald, dass diese Maßnahme nicht ausreichte, um einen modernen Wagenpark aufzubauen. Deshalb begann sie 1953 mit der Entwicklung neuer Reisezugwagen. Federführend dabei war das Reichsbahn-Ausbesserungswerk (Raw) Bautzen.

Zunächst war es wichtig, Wagen für den Vorort- und Berufsverkehr zu entwickeln, die aber auch in Eil- und Schnellzügen eingesetzt werden konnten. Bei der äußeren Form lehnte man sich noch stark an die Schürzenwagen an, welche die Reichsbahn ab 1939 in größeren Stückzahlen bauen ließ. Sie entsprachen den damals neuesten Grundsätzen, die auch in den frühen 1950er Jahren noch weitgehend Gültigkeit hatten. Dem Einsatzgebiet entsprechend wählte man aber keinen Grundriss mit Abteilen und einem Seitengang, sondern einen mit zwei Großräumen und Mittelgang. Einstiegsräume an den Wagenenden und in der Mitte erlaubten einen schnellen Fahrgastwechsel. Auch die Schiebetüren waren eine Neuerung.

1954 waren die Wagen serienreif und ab 1955 begann die Produktion unter der Bezeichnung E 5 in der Vereinigung Volkseigener Betriebe (VVB) des Lokomotiv- und Waggonbaus der DDR (LOWA), die insgesamt 200 Wagen umfasste. Zunächst hatten die Wagen Faltenbälge zur Sicherung der Stirnübergänge. Diese wurden später durch Gummiwülste ersetzt.

Aus den Nahverkehrswagen leitete der VEB Waggonbau Bautzen kurze Zeit später Wagen für den Fernverkehr ab. Der Innenraum wurde hier wie bei den alten Schürzen-Schnellzugwagen mit einzelnen Abteilen und Seitengang eingerichtet. Als Neuerungen flossen unter anderem achshalterlose Drehgestelle der Bauart Görlitz V sowie eine Druckbelüftungsanlage ein. Der VEB Waggonbau Bautzen fertigte 1956 zunächst zwei Prototypen 1./2. Klasse und zwei reine 2. Klasse-Wagen. Die Probewagen wurden zwar von der Reichsbahn übernommen und im Fernverkehr eingesetzt, auf Grund fehlender

finanzieller Mittel wurde aber keine weiteren Wagen dieses Typs mehr bestellt.
Bereits 1957 setzte die Reichsbahn ihre ersten Wendezüge ein. Weil aber bis dahin dafür keine speziellen Steuerwagen gebaut worden waren, stattete man Sitzwagen älterer Bauart auf einer Seite mit einem Führerstand aus und ergänzte die elektrische Ausstattung um die nötigen Wendezugeinrichtungen. Diese Lösung war aber nur als Provisorium gedacht.
Als die Reichsbahn Ende der 1960er Jahre beschloss, im Großraum Leipzig ein S-Bahn-Netz mit Wendezügen einzurichten, wurde eine größere Anzahl Steuerwagen benötigt. Wieder

Nahverkehrswagen	
Länge über Puffer	2.906 mm
Höhe	3.931 mm
Drehzapfenabstand	15.700 mm
Radsatzstand	18.700 mm
Drehgestellbauart	Görlitz III leicht
Radsatzabstand Drehgestell	3.000 mm
Höchstgeschwindigkeit	100 km/h
Anzahl der Sitzplätze	72
Heizung	Dhz, Elhz
Bremse	Hik-GP
Erstes Baujahr	1955
Stückzahl	200
Gattungsnummer	0332

Steuerwagen	
Länge über Puffer	23.200 mm
Breite	2.920 mm
Höhe	3.932 mm
Drehzapfenabstand	15.700 mm
Radsatzstand	18.700 mm
Drehgestellbauart	Görlitz III leicht
Radsatzabstand Drehgestell	3.000 mm
Höchstgeschwindigkeit	120 km/h
Anzahl der Plätze	68
Heizung	Dhz, Elhz
Bremse	Hik-GP
Masse	40.000 kg
Erstes Baujahr	1969
Stückzahl	

Schnellzugwagen	
Länge über Puffer	23.500 mm
Breite	2.890 mm
Höhe	4.026 mm
Drehzapfenabstand	16.180 mm
Radsatzstand	21.680 mm
Drehgestellbauart	Görlitz V
Radsatzabstand Drehgestell	2.500 mm
Höchstgeschwindigkeit	140 km/h
Anzahl der Plätze	
ABge 1./2. Klasse	24/40
Bge 2. Klasse	80
Heizung	Nuhz, Elhz
Bremse	Hikss,
Masse	43.000 kg
Erstes Baujahr	1956
Gebaut	Stückzahl
ABge	2
Bge	2

entschied man sich nicht für einen Neubau, sondern griff auf die oben bereits vorgestellten Nahverkehrs-Schürzenwagen zurück. Mit den Wagen sollten sowohl Elloks der Baureihen E 11/E 42 (211/242) und Dieselloks der Baureihen V 100 (110) und V 180 (118) direkt gesteuert werden können. Der Betrieb mit Dampfloks sollte durch eine indirekte Steuerung im sogenannten Befehlsbetrieb möglich sein.
Bei ihrer Ablieferung erhielten die ersten Nahverkehrswagen noch einen zweifarbigen Wagenkasten mit Brüstungen im üblichen Dunkelgrün, die Fensterbereiche dagegen in Hellgrün. Schürzen und die Langträger waren schwarz, das Dach silbergrau. Den zweifarbigen Kasten gab man aber schon bald wieder auf und lackierte ihn in einem einheitlichen Grün. Für die Wagen der Leipziger S-Bahn sah man einen zweifarbigen Kasten in den Stadtfarben blau und gelb vor. Die Reichsbahn entschied sich für blaue Brüstungen und gelbe Fensterbänder. Über den Fenstern war noch einmal ein blauer Streifen und unter den Fenstern eine breite aluminiumfarbige Zierlinie. Diesen Anstrich bekamen sowohl Mittel- als auch Steuerwagen. Steuerwagen, die nicht im S-Bahn-Netz eingesetzt werden sollten, waren grün.
Alle der hier vorgestellten Wagen wurden noch vor 1994 von der Reichsbahn ausgemustert, so dass keiner mehr von der Deutschen Bahn AG übernommen wurde. Nur der Wagen mit der Nummer 50 50 29-14 139 blieb erhalten. Er wurde betriebsfähig aufgearbeitet und wird heute vom Eisenbahnmuseum des Vereins Sächsischer Eisenbahnfreunde in Schwarzenberg im Erzgebirge für die Nachwelt erhalten.

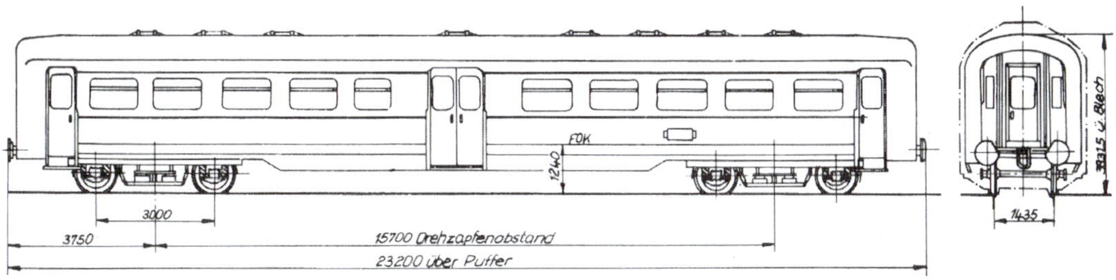

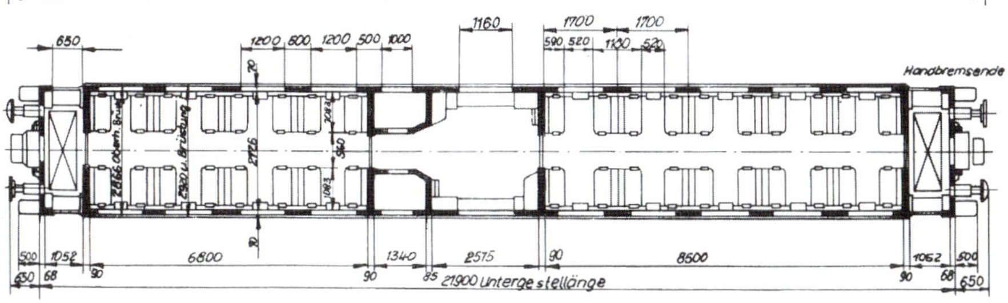

Reko-Wagen (zwei- und dreiachsig)

Zwar brachte die Aufarbeitung alter Wagen und die Beschaffung neuer Fahrzeuge eine Entspannung der Situation im Bereich der Reisezugwagen, die Neubauten reichten aber nicht aus, um die Altfahrzeuge abzulösen und die aufgearbeiteten alten Wagen – besonders die Länderbahnwagen – entsprachen nicht mehr den Ansprüchen der Zeit. Deshalb rief die Deutsche Reichsbahn in der zweiten Hälfte der 1950er Jahre ein groß angelegtes Rekonstruktionsprogramm ins Leben. Dabei sollten alte Wagen auf neuesten technischen Stand gebracht und konstruktive bzw. technische Unterschiede beseitigt werden, um so den Arbeitsaufwand bei Revisionen zu verringern und die Anzahl unterschiedlicher Ersatzteile zu reduzieren. Damit sollten Ressourcen und Arbeitszeit eingespart werden.

In das Programm wurden nahezu alle Bauarten aufgenommen, die nach dem Krieg in der DDR verblieben waren, darunter auch zahlreiche ausländischer Bahnen.

Bei der Rekonstruktion sollten die grundsätzlichen Konstruktionsmerkmale der Wagen erhalten bleiben. So wurden aus zwei- oder dreiachsigen Wagen wieder zwei- oder dreiachsige Fahrzeuge. Vierachser wurden zu Vierachsern umgebaut.

Zunächst sollten die Modernisierungen in den Reichsbahnausbesserungswerken Halberstadt und Berlin-Schöneweide ausgeführt werden, später wurde jedoch nur Halberstadt beauftragt. Insgesamt sollten etwa 3.000 umgebaut werden, darunter rund 2.300 reine Sitzwagen, aber auch etwa 300 Wagen mit Traglastenabteil, 280 Gepäckwagen und ungefähr 160 Postwagen. Auf gemischtklassige oder gar reine 1. Klasse-Wagen verzichtete die Bahn, weil die Wagen ja nur im Berufs- und Nahverkehr eingesetzt werden sollten.

1956 begannen Planung und Vorarbeiten und bereits ein Jahr später wurde der erste Probewagen, ein Dreiachser vorgestellt. Ihm folgte 1958 eine erste, zehn Wagen umfassende Nullserie ebenfalls dreiachsiger Sitzwagen 2. Klasse. 1959 begann dann der serienmäßige Um-

bau. Die Probewagen unterschieden sich noch durch abgerundete Dachenden und zwei große Schiebetüren auf jeder Seite an den Wagenenden. Bei den Serienwagen verzichtete man auf die Einstiegstür am linken Wagenende und baute in den frei gewordenen Raum eine Toilette ein.

Beim Umbau wurde die zwei- oder dreiachsigen Untergestelle samt Laufwerken mit Gleitlager-Radsätzen von den Spenderwagen übernommen. Auch die Radsatzstände blieben unverändert. Die unterschiedlichen Längen der Untergestelle wurden durch Anbauten an den Stirnseiten ausgeglichen, so dass bei allen Wagen ein gleichlanger Kasten aufgesetzt werden konnte. Bei der Aufarbeitung wurden stark verschlissene Bauteile durch neue ersetzt. Es wurde aber darauf geachtet, dass möglichst viele Originalteile wiederverwendet wurden. Auch die Bremsen der Wagen blieben meist unverändert und wurden nur aufgearbeitet. Deshalb haben die Reko-Wagen unterschiedliche Bauarten einlösiger Bremsen.

Die Seitenwände, das Dach und die Stirnwände des Kastens wurden getrennt voneinander gefertigt und erst später zusammenmontiert und mit dem Untergestell verbunden. Damit die Wagen auch in Waschanlagen gereinigt werden konnten, waren die Seitenwände vollkommen eben ausgeführt. Deshalb war auch das Dach an den Wagenenden nicht nach unten gezogen. Damit sich die Reisenden auch während der Fahrt im Zug verteilen konnten, bekamen die Wagen Stirnübergänge mit Gummiwülsten. Die Seitenfenster waren eine Neukonstruktion der Reichsbahn. Ihr unterer Teil war fest mit der Seitenwand verbunden, nur das obere Viertel konnte nach innen geklappt werden. Der Innenraum war als Großraum ausgeführt, in dem in reinen Sitzwagen 48 Personen einen Sitzplatz fanden. In den Wagen mit Traglastenabteil konnten nur 32 Fahrgäste Platz nehmen.

Bei ihrer Ablieferung besaßen die Wagen einen dunkelgrünen Kasten und ein schwarzes Untergestell bzw. Laufwerk und Untergestell. Das Dach bekam einen grauen Anstrich. Zunächst erhielten die Reko-Wagen unter den Fenstern sowie zwischen Wagenkasten und Längsträger helle Absetzstreifen. Auf diese wurde jedoch später verzichtet. Dabei wurden auch die äußeren Langträger, auf denen die technischen Anschriften stehen, grün lackiert.

Entsprechend dem Erscheinen der neuen Reko-Wagen auf den Gleisen der Reichsbahn verdrängten sie die alten Wagen aus dem Nah- und Bezirksverkehr. Es zeigte sich schnell, dass die Wagen zwar einen besseren Sitzkomfort boten, aber die Laufeigenschaften blieben wegen der

Technische Daten	
Länge über Puffer	13.120 mm
Breite	3.043 mm
Höhe	4.080 mm
Radsatzstand	7.500 mm
Höchstgeschwindigkeit	90 km/h
Anzahl der Abteile	
Ba(a)g	6
Ba(a)gtr	4
Anzahl der Plätze	
Ba(a)g	48
Ba(a)gtr	32
Heizung	Dhz, Elhz
Bremse	verschieden
Eigenmasse	17.000 – 18.000 kg
Erstes Umbaujahr	1957
Stückzahl	
Bag	694
Bagtr	89
Baag	1.609
Baagtr	212
Messwagen	2
Schaltwagen	1
Gattungsnummer	
Bag	0367
Bagtr	0368
Baag	0372
Baagtr	0373

alten Untergestelle weiterhin recht bescheiden. Außerdem dröhnte es in den Innenräumen ab einer bestimmten Geschwindigkeit so stark, dass sich die Fahrgäste nur noch schwer unterhalten konnten.

Die zwei- und dreiachsigen Reko-Wagen wurden nie für den internationalen Verkehr zugelassen und mit der Ablieferung der vierachsigen Reko-Wagen ab 1964 wurden die ersten Wagen bald nur noch bei Bedarf eingesetzt bzw. ganz aus dem Verkehr gezogen. Später wurden sie durch die Neubauwagen der Bauart Bmhe verdrängt. Ab den 1990er Jahren wurden sie dann in großem Stil ausgemustert und verschrottet. Deshalb kam von den kurzen Sitzwagen 1994 keiner mehr zur Deutschen Bahn AG.

Allerdings blieben einige Wagen bei mehreren Eisenbahnmuseen erhalten. Die Deutsche Bahn

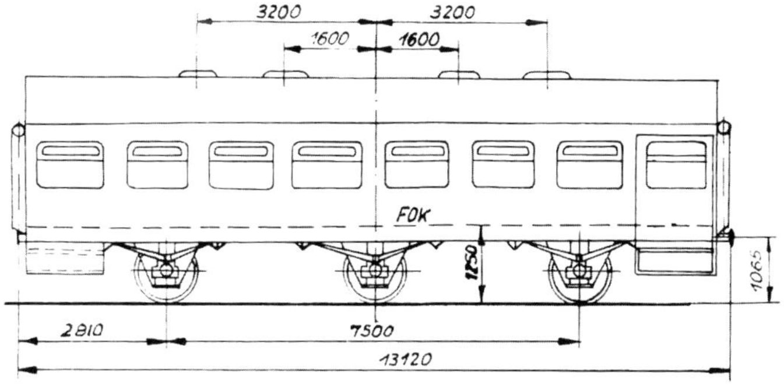

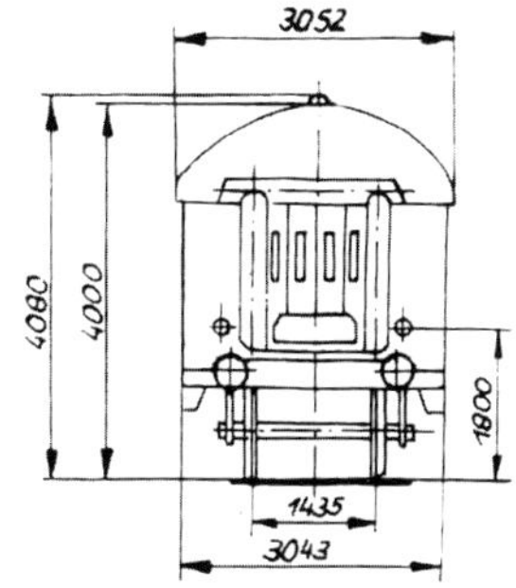

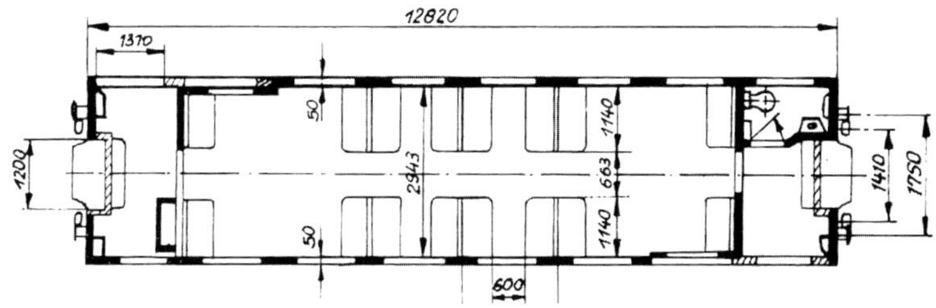

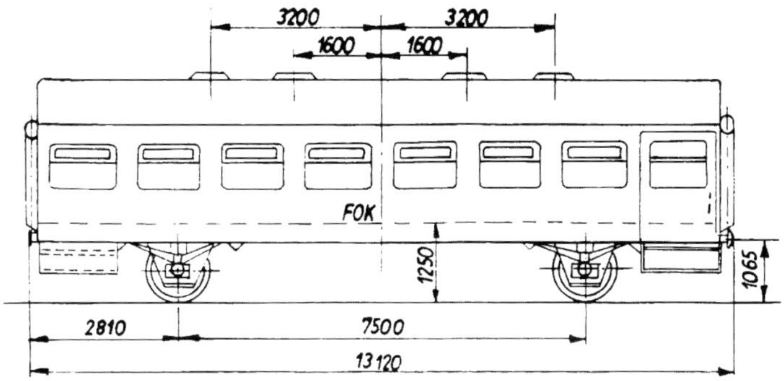

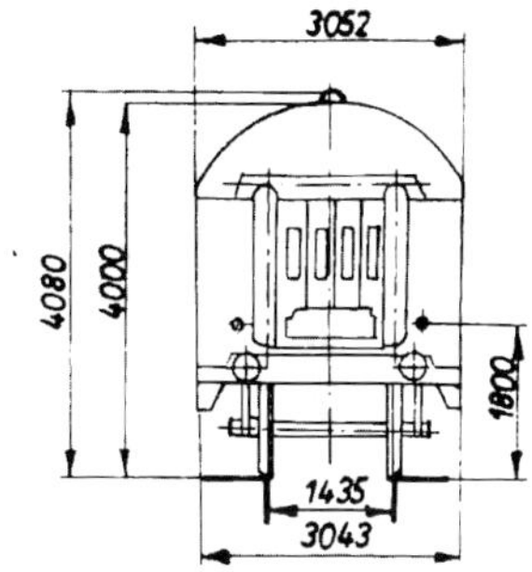

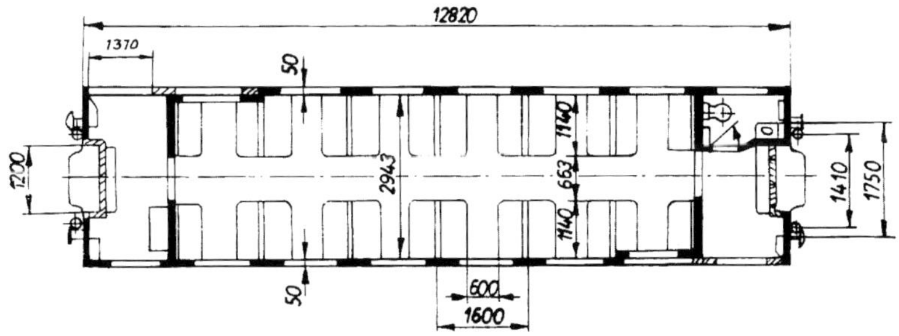

übernahm zwei Wagen, welche die Reichsbahn bereits als Traditionswagen eingereiht hatte. Der Wagen mit den Nummern 75 80 93-29 102 (357-661) und 75 80 23-29 432 (352-227) sind heute bei den Dampflokfreunden Berlin e.V. in Schöneweide zu Hause. Weitere Wagen gehören den Eisenbahnfreunde Hoher Flämmig-Belzig e.V.. Sie werden von der Arbeitsgemeinschaft Osthavelländische Kreisbahnen e.V. genutzt.

Reko-Wagen (vierachsig)

Nachdem die Rekonstruktion der zwei- und dreiachsigen Wagen angelaufen war, wendete sich die Deutsche Reichsbahn den vierachsigen Reisezugwagen der Länderbahn- und Einheitsbauarten zu. Auch sie entsprachen Anfang der 1960er Jahre nicht mehr den Anforderungen an moderne Reisezugwagen. Deshalb wurde in Zusammenarbeit zwischen dem Raw Halberstadt und der Versuchs- und Entwicklungsanstalt für die Wagenwirtschaft (VES-W) in Delitzsch ein Rekonstruktionsprogramm entwickelt, das aus den alten Wagen moderne Fahrzeuge für den Einsatz im Inland entstehen lassen sollte. Wegen der kurzen Schiebebühne im Raw Halberstadt musste die Länge der neuen Fahrzeuge auf 18,7 m begrenzt werden.
1963 und 1964 entstand jeweils ein Probewagen, nach deren Begutachtung 1965 eine erste, zehn Wagen umfassende Nullserie gebaut wurde. Danach begann die Serienproduktion und bis 1977 wurden über 3.000 dieser vierachsigen Reko-Wagen gebaut. Weil gegen Ende des Programms immer noch Bedarf an neuen Wagen bestand, es aber keine alten Spenderwagen mehr gab, wurden die letzten Reko-Wagen komplett aus neuen Teilen gefertigt. Auf gemischtklassige oder gar reine 1. Klasse-Wagen wurde wiederum verzichtet.
Ende der 1960er/Anfang der 1970er Jahre hatten die Reko-Wagen die Altbau-Sitzwagen aus den Nahverkehrs- und Eilzügen der Reichsbahn weitgehend verdrängt. Nun zeigte sich aber, dass für die alten Gepäckwagen kein ausreichender Ersatz vorhanden war. Deshalb entwickelte die Reichsbahn auf Basis der 18,7 m langen Reko-Wagen einen Halbgepäckwagen. Für den vorgesehenen Einsatz im Nahverkehr reichten Halbgepäckwagen aus, denn man ging davon aus, dass Reisende nur kurze Strecken in den Zügen zurücklegten und entsprechend nur wenig Gepäck mitführten. Im August 1969 entstand im Raw Halberstadt ein erster Musterwagen, dem kurz darauf ein zweiter folgte. Die Serienproduktion im Raw Halberstadt begann 1972/73 mit einer 100 Wagen umfassenden Serie. Kurze Zeit später wurde das zweite Baulos mit ebenfalls 100 Wagen geliefert. Wie die letzten Sitzwagen wurden die Halbge-

Technische Daten	
Bghw	
Länge über Puffer	18.700 mm
Breite	2.900 mm
Höhe	3.990 mm
Drehzapfenabstand	12.200 mm
Radsatzstand	14.350*/14.700** mm
Drehgestellbauart	amerikanische Bauart/Görlitz V
Radsatzabstand Drehgestell	2.150*/2.500** mm
Höchstgeschwindigkeit	120 km/h
Anzahl der Plätze	64
Heizung	Dhz, Elhz
Bremse	KE-GP
Eigenmasse	30.000 kg
Erstes Baujahr	1963
Stückzahl	3.031
Gattungsnummer	0192
* amerikanische Bauart ** Görlitz V	

Technische Daten	
BDwsb	
Länge über Puffer	18.700 mm
Breite	2.900 mm
Höhe	3.930 mm
Drehzapfenabstand	12.200 mm
Radsatzstand	14.700 mm
Drehgestellbauart	Görlitz V
Radsatzabstand Drehgestell	2.500 mm
Höchstgeschwindigkeit	120 km/h
Anzahl der Sitzplätze	32 + 2
Ladefläche	10,3 m^2
Heizung	Dhz, Elhz
Bremse	KE-GP
Eigenmasse	29.000 kg
Erstes Baujahr	1969
Stückzahl	202
Gattungsnummer	2751

päckwagen nur aus neuen Bauteilen gefertigt. Mitte der 1980er Jahre bildete die Reichsbahn die meisten ihrer Schnellzüge aus neuen, 26,4 m langen Reisezugwagen der Bauarten Am, ABm und Bm. Wie schon vorher verzichtete man auch wieder auf Gepäckwagen. Es gab aber Halbgepäckwagen mit behindertengerechter Einrichtung. Weil die bis 1988 gebauten 81 Wagen aber überwiegend im hochwertigen nationalen und internationalen Verkehr eingesetzt wurden, gab es im Nah- und Regionalverkehr weiterhin keine behindertengerechten Wagen. Um dies zu beenden, beschaffte die Reichsbahn 1987/88 insgesamt 73 Reisezugwagen der Bauart BDws mit behindertengerechter Einrichtung. Diese waren aber keine Neubauten, sondern sie entstanden aus vierachsigen Reko-Wagen 2. Klasse.

Die meisten Reko-Wagen erhielten Neubaudrehgestelle der Bauart Görlitz V. Es gab aber

auch Wagen mit Schwanenhals-Drehgestellen oder preußischen Regeldrehgestellen. Die Fenster besaßen ein rahmenloses Unterteil, das fest mit dem Wagenkasten verbunden war. Der obere Teil konnte nach innen geklappt werden. Im Gegensatz zu den Zwei- und Dreiachsern wurden die Vierachser mit Drehfalttüren an beiden Wagenenden ausgestattet. Die Gepäckräume der Halbgepäckwagen konnten durch vierflügelige Falttüren be- und entladen werden. Im Fahrgastraum standen Sitzbänke in offenen Vis-à-vis-Abteilen. Über den Sitzen gab es Quergepäckablagen.
Die behindertengerechten Wagen bekamen einen breiten Seitengang, ein großes geschlossenes Abteil für zwei Rollstuhlfahrer, ein normales Abteil für acht Reisende sowie eine große, mit Rollstühlen befahrbare Toilette. An den Gepäckraum schloss sich ein Dienstabteil an.

Die hier vorgestellten Wagen konnten mit Dampf beheizt werden, einige von ihnen wiesen zusätzlich eine elektrische Heizung auf.
Die Vierachser bekamen zunächst den gleichen Anstrich wie die Zwei- und Dreiachser mit dunkelgrünem Kasten, Zierlinien, grauem Dach und schwarzem Laufwerk. Später entfielen die

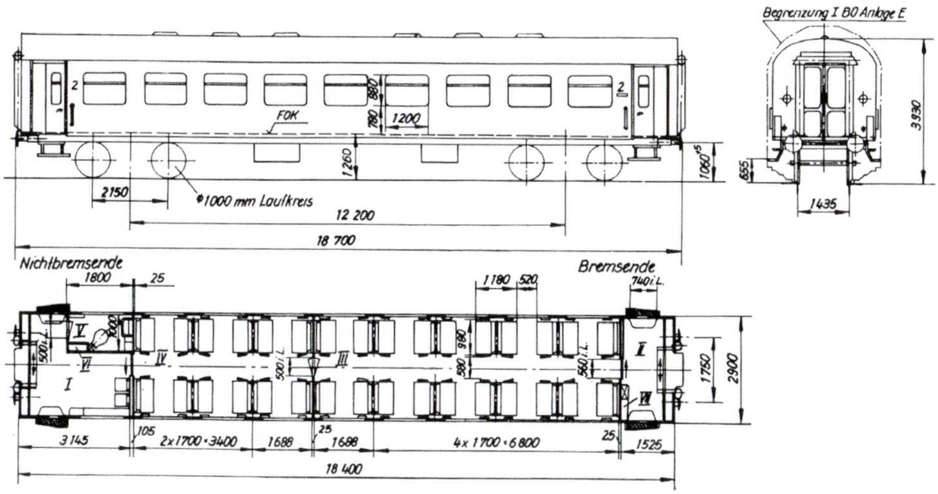

Zierlinien, es wurde ein helleres Grün gewählt und die Dachfarbe in Braun geändert. Weil die Halbgepäckwagen oft mit den 26,4 m langen Wagen in Schnellzügen liefen, wurden einige von ihnen grün/beigefarbenen lackiert. In dieser Lackierung liefen auch die behindertengerechten Wagen.

Die Wagen waren zunächst nur für den Einsatz im Inland vorgesehen, liefen später aber auch im Ausland. Nach der Wiedervereinigung beider deutscher Bahnen kam noch eine große Anzahl Bghw-Wagen zur Deutschen Bahn AG. Sie wurden als Bghw 522 eingereiht, aber zügig ausgemustert. Einige Wagen gelangten danach zu Privat- und Museumsbahnen und sind dort auch heute noch im Einsatz.

Die Halbgepäckwagen wurden nach Übernahme durch die Deutsche Bahn ab 1994 als BDghws 534 geführt, jedoch ebenfalls bald ausgemustert. Der BDghws 534, Nummer 50 50 82-15 094, wurde noch von der Reichsbahn in den Traditionsbestand übernommen, später aber verschrottet. Der Wagen mit der Nummer 50 80 82-15 024 gehört heute zum Bestand der Usedomer Eisenbahn Gesellschaft. Die behindertengerechten Wagen wurden von der Deutschen Bahn als BDwsb 270 geführt. Die letzten von ihnen schieden 2001 aus dem Bestand aus. Ein Großteil dieser Wagen wurde aber nicht verschrottet, sondern mit einem großen Mehrzweckraum ausgestattet und dann als RegionalBahn-Wagen der Bauart Bbd 499 geführt. Vier BDwsb 270 sind in Deutschland als Museumswagen erhalten.

Modernisierungswagen

Nachdem die Deutsche Reichsbahn in den 1950er Jahren mit der Rekonstruktion von zwei- und dreiachsigen Altbauwagen begonnen hatte, konnte der Bestand an Wagen für den Nah- und Bezirksverkehr zunächst einmal in ausreichendem Maß erneuert werden. Deshalb wendete sie sich nun den Wagen für den Fernreiseverkehr zu. Auch hier hatte sie zahlreiche Länderbahn-, Einheitsbauarten und Wagen ausländischer Bahnen im Bestand, die einerseits nicht mehr den Ansprüchen genügten und die anderseits so unterschiedlich waren, dass sie einen hohen Unterhaltungsaufwand erforderten. Auch hier sann die Reichsbahn auf Abhilfe.

Weil bei der Erarbeitung des Umbauprogramms zunächst nur auf geschweißte Schnellzug- und Eilzugwagen der Jahre 1935 bis etwa 1940 in gutem Erhaltungszustand zurückgegriffen werden sollte, nahm man von einem großen Reko-Programm Abstand und lediglich ein Modernisierungs-Programm in Angriff. Dies bedeutete, die oft noch gut erhaltenen Laufwerke und Rahmen der Spenderwagen sollten unverändert übernommen und mit einem neuen Wagenkasten bestückt werden. Weil die Rahmen der Spenderwagen alle nahezu gleichlang waren, sah man von einer Verlängerung ab. Deshalb haben nicht alle Mod-Wagen die gleiche Länge und gleiche Drehzapfenabstände. Später erweiterte man das Programm auf genietete Schnellzug- und Eilzugwagen, dazu kamen noch einige Wagen ausländischer Bahnen.

1960 lieferte das Raw Delitzsch einen ersten Musterwagen der 2. Klasse. Im gleichen Jahr wurden zunächst 20 Gepäckwagen ausgeliefert, danach begann man mit den Sitzwagen. Ab 1961 entstanden im Werk Delitzsch erste gemischtklassige Wagen der Bauart ABge und reine 2. Klasse-Wagen der Bauart Bge. Denn anders als bei den Reko-Wagen war es nötig, in Fernzügen auch moderne Sitzplätze in der 1. Klasse anbieten zu können. Ab 1962 folgten dann reine 1. Klasse-Wagen der Bauart Age und erste Buffetwagen der Bauart Bgre. Die Buffetwagen gingen aber erst ab 1964 in Serie. Insgesamt gab es nur 17 dieser Wagen mit

einem Buffetbereich und einem kleinem Stehbereich mit zwei Tischen. Ab Mitte der 1960er Jahre standen keine Spenderwagen mehr zur Verfügung und die Mod-Wagen wurden komplett aus neuen Teilen gefertigt. Diese Wagen wurden nun nach einheitlichen Maßen hergestellt. 1970 verließen die letzten Wagen dieses Typs die Fabrikhallen.

Wie schon erwähnt blieben Laufwerk und Untergestell unverändert. Deshalb liefen die meisten Mod-Wagen auf Drehgestellen alter Görlitzer Bauarten. Auch die Bremse blieb ebenfalls unverändert. Zunächst betrug die Höchstgeschwindigkeit 140 km/h. Als die Wagen später nur noch im nationalen Verkehr eingesetzt wurden, konnte sie auf 120 km/h gesenkt und damit die Untersuchungsintervalle verlängert werden. Die Masse der Wagen schwankt zwischen 34 und 40 Tonnen. Die Längendifferenzen der Wagen wurden durch unterschiedliche

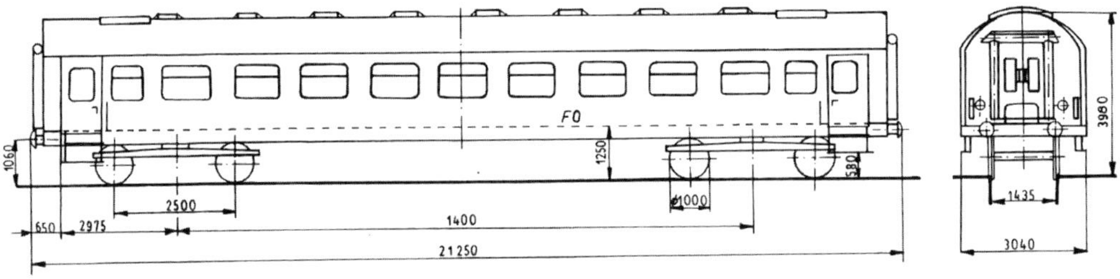

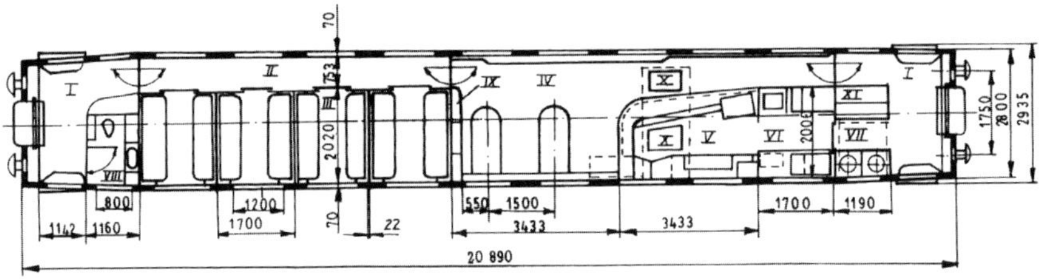

lange Vorräume ausgeglichen. So konnte man einheitlich lange Abteile einbauen, was den Produktionsaufwand erheblich verringerte. Als Einstiegstüren an den Wagenenden wurden einfache Drehtüren verwendet. Die Seitenfenster sind einheitlich 1.200 mm breit. Ihr unterer Teil ist fest mit dem Wagenkasten verbunden. Das obere Viertel kann mit einer Kurbel bewegt werden. In den geschlossenen Abteilen der 2. Klasse sind durchgehende Sitzbänke installiert, die je vier Reisenden einen Platz bieten. Sitzflächen und Rückenlehnen sind mit Kunstleder überzogen und als durchgehende Bank ausgeführt. In die Abteile der 1. Klasse wurden je sechs stoffgepolsterte Einzelsitze eingebaut. Die Mod-Wagen haben eine Niederdruck-Dampfheizung, die bei den meisten Wagen um eine elektrische Heizung ergänzt ist.

Die Wagen wurden mit chromoxidgrünem Kasten geliefert, der einen weißen Zierstreifen unterhalb des Fensterbereichs aufwies. Untergestell und Laufwerke waren schwarz, die Dächer grau. Ab den 1980er Jahren wurden die Wagen in das grün/beigefarbene Schema mit braunem Dach übernommen.

Die Mod-Wagen wurden bevorzugt in nationa-

Technische Daten	
Länge über Puffer	21.250 mm
Breite	2.800 mm
Höhe	3.980 mm
Drehzapfenabstand	14.250 mm
Radsatzstand	17.250*/16.750** mm
Drehgestellbauart	Görlitz III*/Görlitz V**
Radsatzabstand Drehgestell	3.000*/2.500** mm
Höchstgeschwindigkeit	120 km/h
Anzahl der Plätze	
Ag(e)	42
ABg(e) 1./2. Klasse	24/32
Bg(e)	72
Bgre	32
Heizung	Dhz, Elhz
Bremse	KE-GP
Eigenmasse	39.000 – 40.000kg
Erstes Baujahr	1960
Stückzahl	
Ag(e)	95
ABg(e)	87
Bg(e)	257
Bgre	23
Gattungsnummer	
Ag(e)	0029
ABg(e)	0045
Bg(e)	0066
Bgre	2555

* bei Drehgestell Görlitz III; * bei Drehgestell Görlitz V

len und internationalen Fernzügen eingesetzt und kamen dabei auch in die Bundesrepublik. Häufig waren sie in den Transitzügen zwischen Berlin und Hamburg zu sehen. Mit der Beschaffung der 24,5 m langen Schnellzugwagen wanderten die Mod-Wagen in den nationalen Eilzugdienst ab. Zwischen 1970 und 1974 liefen neun Mod-Wagen und eine Diesellok der Baureihe 118 mit versuchsweise automatischen Mittelpufferkupplungen. Die Seitenpuffer blieben dabei erhalten. Diese Kupplung konnte sich aber nicht durchsetzen, es wurden keine weiteren Wagen mehr umgebaut und die Versuchswagen bekamen wieder ihre Schraubenkupplungen.

Am Ende ihrer Einsatzzeit wurden zahlreiche gemischtklassige und 1. Klasse-Wagen in die 2. Klasse herabgestuft. Dabei wurden nur die Klassenziffern geändert, selbst der 1. Klasse-Kennstreifen blieb erhalten. Alle Mod-Wagen waren bis 1994 ausgemustert, deshalb wurde kein Wagen mehr von der DB AG übernommen. Auch sind nur wenige Fahrzeuge museal erhalten. So gehört der ABge mit der Nummer 50 50 38-15 051 zum Verkehrsmuseum Dresden. Er hat eine zweifarbig grüne Lackierung. Der Buffetwagen Nummer 50 50 85-15 522 ist im Besitz des Heiligenstädter Eisenbahnvereins e.V. (HEV).

Abteilwagen Typ B

Anfang der 1960er Jahre begann die Vereinheitlichung der Reisezugwagen bei den Eisenbahnen in Europa. Man strebte ähnliche Abmessungen und Ausstattungen der Fahrzeuge an. Mit dem internationalen Eisenbahnverband UIC und der Organisation für die Zusammenarbeit der Eisenbahnen OSShD waren zwei Organisationen daran maßgeblich beteiligt. Während die UIC in dieser Zeit überwiegend westliche Länder in Europa als Mitglieder hatte, waren die Länder Osteuropas und Asiens im OSShD zusammengefasst.

Die UIC legte 1961 zwei Grundtypen für Reisezugwagen fest. Zum einen gab es den Typ X. Für diese Wagen lag eine Länge von 26,4 m zu Grunde. Bei ihnen wurden die Wagenenden schmaler, damit sie innerhalb des Lichtraumprofils blieben. Zum anderen gab es den Typ Y. Seine Grundlänge betrug nur 24,5 m. Auch bei diesen Wagen waren die Wagenenden schmaler. Die Deutsche Reichsbahn entschied sich für die kurzen Wagen und entwickelte einen Fahrzeugtyp, der sich zwar an die UIC-Vorgaben anlehnte, aber unter anderem noch keine sich verjüngenden Wagenenden aufwies. Außerdem mussten die Wagen auf die russische Breitspur übergehen können. Die OSShD bezeichnete diese Wagenbauart als Typ B.

Die Reichsbahn vergab den Bau dieser Wagen an den VEB Waggonbau Bautzen, der ab 1962 insgesamt 18 Wagen der 1. Klasse (Bauart A4ge), 32 gemischtklassige Wagen (Bauart AB4ge) und 69 Wagen der 2. Klasse (Bauart B4ge) lieferte. Zu diesen Sitzwagen kamen noch 32 Liegewagen der Bauart Bc4üe, die gesondert vorgestellt werden. Danach wurde die Konstruktion weiter an die Vorgaben der UIC angepasst und bekam sich verjüngende Enden. Diese Wagen wurden als Typ Y bezeichnet.

Die Wagen vom Typ B liefen auf zweiachsigen Drehgestellen vom Typ Görlitz V. Sie waren für eine Höchstgeschwindigkeit von 140 km/h zugelassen. Die automatische Druckluftbremse der Bauart KE-GPR besaß Bremsdruck- und Gleitschutzregler. Reisende konnten über Drehfalttüren an den Wagenenden die Fahrzeuge betreten und verlassen. Bei den Seitenfenstern entschied man sich für Übersetzfenster, deren oberer Teil manuell senkrecht verschoben werden kann. Alle drei Bauarten erhielten geschlos-

sene Abteile, die über einen Seitengang mit den beiden Einstiegsräumen und den beiden Toiletten verbunden waren. In den Abteilen der 1. Klasse mit stoffbezogenen Einzelsitzen fanden sechs Reisende einen Sitzplatz. In den Abteilen der 2. Klasse waren durchgehende, mit Kunstleder bezogene Sitzbänke installiert. Hier standen in jedem Abteil acht Plätze zur Verfügung. Die Wagen besaßen eine automatisch gesteuerte Niederdruck-Dampfumlaufheizung, welche über die durchgehende Hauptdampfleitung unter dem Wagenboden aus der Lokomotive versorgt wurde. Für den Einsatz hinter Elloks gab es zusätzlich eine elektrische Heizung mit automatischem Spannungswählschalter. Die Heizung wurde über Thermostate mit Kontaktthermometern überwacht und geregelt.

Laufwerk, Untergestell und Längsträger waren schwarz lackiert. Der Wagenkasten bekam einen dunkelgrünen Anstrich. Für das Dach verwendete man die vorgeschriebene graue Farbe. Auf Zierlinien wurden bei diesen Wagen verzichtet. Später wurden die Längsträger ebenfalls grün gestrichen. 1981 führte die DR ein neues Farbschema ein. Nun wurden die Wagenkästen zweifarbig lackiert. Längsträger und Brüstung bekamen einen chromoxidgrünen Anstrich, die Fensterbänder wurden elfenbeinfarben. Für die Dächer verwendete man Rehbraun.

Die Wagen kamen gleich nach ihrer Indienststellung in den hochwertigen internationalen Fernverkehr – unter anderem auch in den Transitverkehr nach Berlin – und verdrängten dort nach und nach die Modernisierungswagen. Ab

1980 wurden die Wagen für den weiteren Einsatz aufgearbeitet. Dabei wurde unter anderem das zweiteilige Vorraumfenster auf der Gangseite gegen ein einteiliges ausgetauscht. In den folgenden Jahren gelangten die Wagen in immer rangniedrigere Dienste. So wurden sie zunächst nur noch national und später in Eil- und Anfang der 1990er Jahre gar in Nahverkehrszügen abgefahren. In dieser Zeit begann auch die verstärke Ausmusterung.

Einige Wagen gelangten 1994 noch zur Deutsche Bahn AG und wurden unter den Bauarten A 504, AB 508, B 516 und B 517 in den Bestand übernommen. Bis zum Jahr 2000 waren sie aber alle aus dem Dienst ausgeschieden. Einer der wenigen Wagen vom Typ B, welcher der Nachwelt erhalten blieb, ist der Bme mit der Nummer 50 80 20-40 062, der vom Verein Eisenbahnmuseum Bayerischer Bahnhof e.V. (EMBB) in Leipzig betreut wird. Der AB 508 mit der Nummer 51 80 39-40 026 kam über das DB-Museum zum Sächsisches Eisenbahnmuseum in Chemnitz-Hilbersdorf, ist aber heute dort nicht mehr im Bestand.

Technische Daten	
Länge über Puffer	24.500 mm
Breite	2.860 mm
Höhe	4.230 mm
Drehzapfenabstand	17.200 mm
Radsatzstand	19.700 mm
Drehgestellbauart	Görlitz V
Radsatzabstand Drehgestell	2.500 mm
Höchstgeschwindigkeit	140 km/h
Anzahl der Plätze	
A4ge	54
AB4ge 1./2. Klasse	24/40
B4ge	80
Heizung	Dhz, ElHz
Bremse	KE-GPR
Eigenmasse	38.500 kg
Erstes Baujahr	1962
Stückzahl	
A4ge	18
AB4ge	32
B4ge	69
Gattungsnummer	
A4ge	0028
AB4ge	0070
B4ge	0072

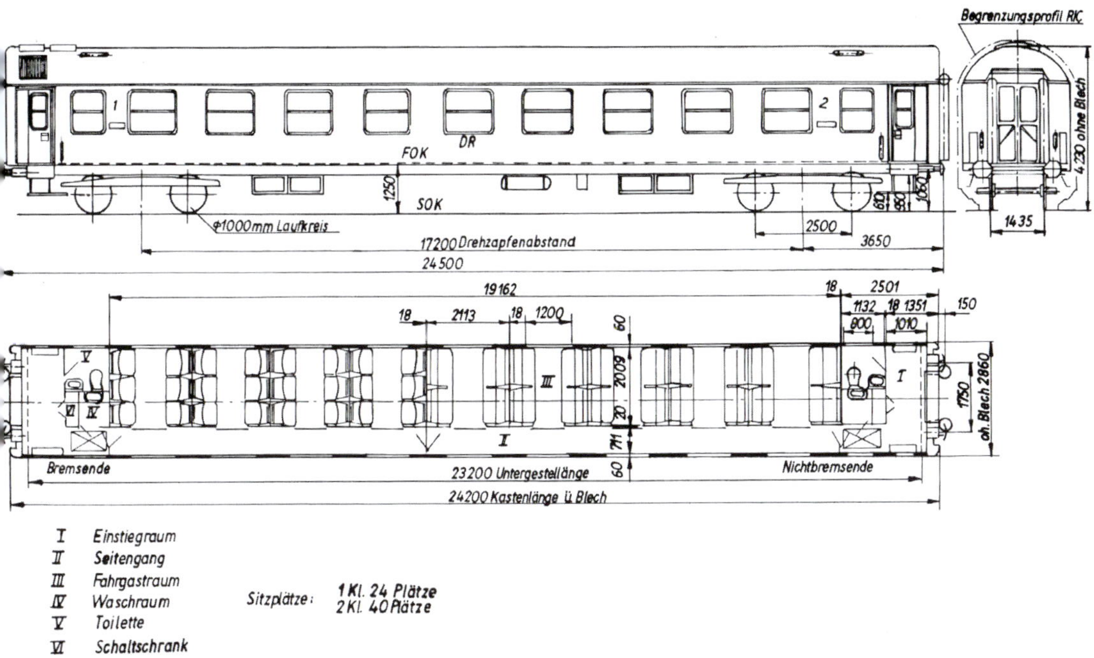

Abteilwagen Typ Y

Weil die Wagen vom Typ B im Bereich der UIC nicht freizügig eingesetzt werden konnten, die Grundkonstruktion aber gelungen war, entschied sich die Deutsche Reichsbahn, weiter zu beschaffende Wagen an die UIC-Vorgaben des Merkblatts 567 anzupassen. Deshalb ließ sie aus den Wagen des Typs B den Typ Y entwickeln. Die Fahrzeuge hatten nun die geforderten leicht eingezogenen Wagenenden. Der Wagenkasten konnte deshalb um knapp 2 cm breiter ausgeführt werden als bei den B-Wagen. Die UIC sah auch eine Einbaumöglichkeit für eine automatische Mittelpufferkupplung vor, deshalb musste das Untergestell im Bereich der Kopfstücke und Kupplungsträger überarbeitet werden. Die Länge von 24,5 m sowie die Aufteilung und Einrichtung der Innenräume übernahm man nahezu unverändert von den Vorgängern.

Wie die B-Wagen wurden auch die Y-Wagen in drei Ausführungen beschafft. So übernahm die DR vom VEB Waggonbau in Bautzen 22 Wagen der 1. Klasse als Ame, 66 gemischtklassige ABme und – in drei Bauserien – insgesamt 142 Wagen der 2. Klasse als Bme in ihren Bestand. Dazu kamen noch mehrere Versuchswagen. Zum einen fertigte der VEB Waggonbau Bautzen 1965 einen 2. Klasse-Wagen, der mit Blechen aus nichtrostendem Stahl verkleidet war. Der Wagen bekam die Betriebsnummer 51 50 20-45 070, hatte einen silberfarbenen Wagenkasten und zwei hellblaue Längsstreifen auf der Brüstung. Er kam 1994 zur Deutschen Bahn AG und wurde nach seiner Ausmusterung vom Verkehrsmuseum Dresden übernommen.

1967 baute der VEB Waggonbau Bautzen einen 1. Klasse-Wagen mit Klimaanlage. Er hatte auch neue, vom VEB Waggonbau Bautzen entwickelte Drehgestelle, welche der DB-Bauart »München-Kassel« ähnelten. Nach Testfahrten zeigte die Reichsbahn kein Interesse und der Wagen gelangte zum Institut für Schienenfahrzeuge in Berlin, wo er zum Messwagen umgebaut wurde. Bei seiner Ablieferung war der Wagen blau und hatte einen breiten weißen Streifen auf der Brüstung. Bei der Reichsbahn bekam er zunächst die Nummer 61 50 19-80 001, beim Institut für Schienenfahrzeuge in Berlin wurde er in 61 50 09-40 002 umgezeichnet.

1969 folgte ein weiterer Einzelgänger. Aus der laufenden Produktion wurde der 2. Klasse-Wagen mit der Nummer 51 50 20-40 209 herausge-

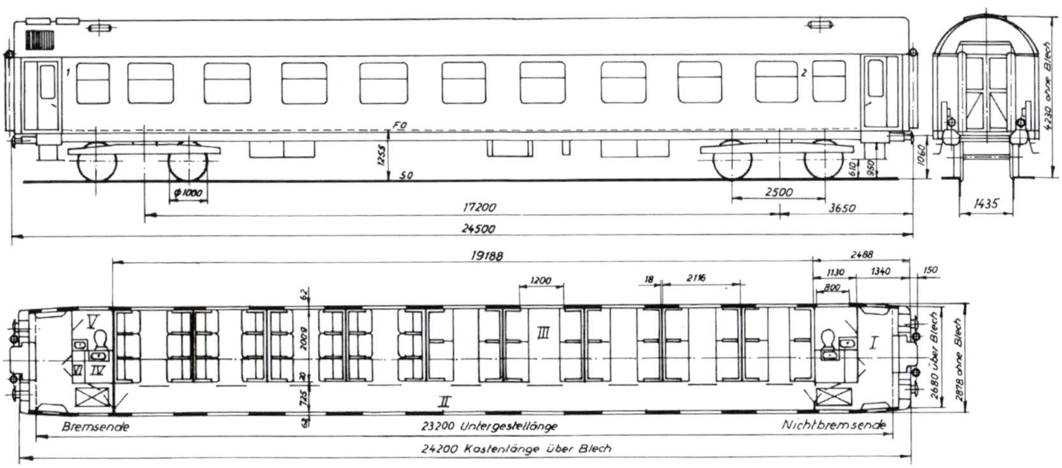

I Einstiegraum
II Seitengang
III Fahrgastraum
IV Waschraum
V Toilette
VI Schaltschrank

64 Sitzplätze

nommen und erhielt eine zentrale Energieversorgungsanlage über die Zugsammelschiene. Auch er gelangte noch zur DB AG.
Alle hier vorgestellten Wagen liefen auf Drehgestellen der Bauart Görlitz V mit Monobloc-Rädern. Sie besaßen eine selbsttätige Druckluftbremse der Bauart KE-GPR mit Einheitswirkung. Der vollständig geschweißte Wagenkasten in Leichtbauweise bestand aus abgekanteten Stahlprofilen. Die Drehfalttüren an den Wagenenden entsprachen dem UIC-Merkblatt 560. In den 1. Klasse-Wagen fanden 54 Reisende in neun geschlossenen Abteilen einen Sitzplatz auf stoffbezogenen Einzelsitzen. Die gemischtklassigen Wagen boten in vier 1. Klasse-Abteilen 24 Plätze und in fünf Abteilen der 2. Klasse 40 Plätze. In den zehn Abteilen der 2. Klasse-Wagen konnten 80 Reisende auf durchgehenden, mit Kunstleder bezogenen Sitzbänken Platz nehmen. Zur Ausstattung gehörten Schutzbezüge für die Kopfpolster, Gepäck- und Schirmraufen, klappbare und feste Fenstertische sowie Vorhänge. Die Wagen besaßen eine automatisch gesteuerte Niederdruck-Dampfumlaufheizung und eine elektrische Heizung.
Für das Untergestell und das Laufwerk wählte man den üblichen schwarzen Anstrich. Langträger, Seiten- und Stirnwände erglänzten in Grün. Das Dach wurde grau. Ab 1981 wurde die Lackierung auf den grün/elfenbeinfarbigen Anstrich umgestellt. Für die Dächer wurde nun Rehbraun verwendet.
Auch die Wagen des Typs Y gelangten nach ihrer Ablieferung in den hochwertigen Schnellzugdienst und liefen zusammen mit den Wagen des Typs B, wurden jedoch bevorzugt in internationale Züge eingereiht. Ab 1980 erfolgte auch bei ihnen eine große Revision, bei der sie für einen weiteren Einsatz ertüchtigt wurden. Danach wurden sie durch die 26,4 m langen »Halberstädter«-Wagen aus dem internationalen Dienst verdrängt und wanderten in nationale Schnell- und Eilzugverkehre ab. Ab Anfang der 1990er Jahre waren sie dann auch im Nahverkehr anzutreffen, wofür sie sich aber wegen ihrer schmalen Türen und dem engen Seitengang nicht besonders eigneten.
Die Deutsche Bahn AG übernahm 1994 noch Wagen aller drei Bauarten und reihte sie als A 505, AB 511 und B 518 in ihren Bestand ein. Bis 1997 waren aber alle aus dem aktiven Dienst ausgeschieden, einige konnten nach Kroatien und an die bulgarischen Staatsbahnen BDŽ abgegeben werden. Die meisten wurden jedoch verschrottet. Die Wagen der Gattung B 518 mit den Nummern 51 80 20-40 128 bis 131 und 139 gelangten zur Brenzbahn Verkehrsgesellschaft GmbH, die inzwischen aber nicht mehr existiert.

Technische Daten

Länge über Puffer	24.500 mm
Breite	2.882 mm
Höhe	4.230 mm
Drehzapfenabstand	17.200 mm
Radsatzstand	19.700 mm
Drehgestellbauart	Görlitz V
Radsatzabstand Drehgestell	2.500 mm
Höchstgeschwindigkeit	140 km/h
Anzahl der Plätze	
Ame	54
ABme 1./2. Klasse	24/40
Bme	80
Heizung	Nuhz/Elhz
Bremse	KE-GPR
Eigenmasse	
Ame	38.000 kg
ABme	37.500 kg
Bme	39.000 kg
Erstes Baujahr	
Ame	1969
ABme	1969
Prototyp Bme	1965
1. Serie Bme	1966
2. Serie Bme	1969
Stückzahl	
Ame	22
ABme	66
Prototyp Bme	1
1. Serie Bme	85
2. Serie Bme	57
Gattungsnummer	
Ame	2125
ABme	2225
1. Serie Bme	2325
2. Serie Bme	2326

Abteilwagen Typ Y/B 70

Auch während des Baus der Reisezugwagen vom Typ Y ging die Entwicklung weiter. Neue Fertigungsmethoden, Materialien und Komponenten erreichten die Serienreife. Deshalb entschied die Deutsche Reichsbahn, den Bau der Y-Wagen im Jahr 1970 einzustellen und die Produktion des neuen Typs V/B 70 zu beginnen.

Wichtigste Änderungen gegenüber den Vorgängern war die neue Zweikanal-Luftheizung. Außerdem hatten die neuen Fahrzeuge eine geringere Eigenmasse, bessere Laufeigenschaften und niedrigere Fahrgeräusche. Weil die Heizung nun nicht mehr im Dachbereich eingebaut war, konnten die Wagen nun mit niedrigeren Dächern gebaut werden. Dies wurde beim Prototyp auch ausgeführt. Um jedoch zusammen mit den Wagen der Typen B und Y ein einheitliches Zugbild zu erreichen, kehrte man bei den Serienwagen wieder zu den in der Mitte stark nach oben gewölbten Dächern zurück.

Der VEB Waggonbau Bautzen fertigte zunächst auf eigene Kosten zwei Baumusterwagen. Einer der beiden Wagen wurde konventionell mit grünem Wagenkasten geliefert, der andere hatte einen orange-/beigefarbenen Wagenkasten. Auch die Inneneinrichtungen der beiden Wagen unterschieden sich voneinander. In einem Wagen waren die Schiebetüren der Abteile bis zum Boden verglast. Diese Ausführung wurde jedoch wegen der aufwendigeren Reinigung wieder verworfen. Bei ihrer Ablieferung besaßen die Wagen die Nummern 51 50 02-80 000 und 51 50 02-80 001. Die Gattungsbezeichnung lautete Bme. Der Wagen mit der Nummer 80 000 wurde zur Erprobung neuer Drehgestelle an den VEB Waggonbau Görlitz abgegeben, der Wagen mit der Nummer 001 an die Reichsbahn verkauft, die den orangefarbenen Wagenkasten grün lackierte und ihn als Bme 51 50 20-40 213-4 einreihte. 1986 wurde er in den Dienstwagen 60 50 99-64 664 umgebaut.

Die Serienfertigung begann im Jahr 1971 mit Wagen der 2. Klasse und endete 1974 mit den gemischtklassigen Wagen. Von den 1. Klasse-Wagen der Bauart Ame wurden 30 Exemplare gebaut. Von den gemischtklassigen Wagen der Bauart ABme entstanden 35 Wagen. Die größte

Gruppe bildeten mit 60 Fahrzeugen die Wagen der 2. Klasse als Bauart Bme. 1978/79 wurden noch 60 Liegewagen der Bauart Bcme geliefert, die zu den Wagen des Typs Y/B 70 gehören. Sie werden getrennt vorgestellt. Die Wagen vom Typ Y/B 70 wurde nicht nur an die DEUTSCHE REICHSBAHN geliefert, auch die tschechoslowakischen Staatsbahnen ČSD, die ungarischen Staatsbahnen MÁV, die bulgarischen Staatsbahnen BDŽ, und die polnischen Staatsbahnen PKP nahmen diese Wagen in ihren Bestand auf. 1972 wurde unter der Nummer 61 50 09-40 002 ein 1. Klasse-Wagen in Großsektions- und Stützstoffbauweise gefertigt. 1974 folgten unter den Nummern 61 50 19-80 003 bis 007 fünf weitere Ame. Bei dieser Bauweise war zwischen zwei Deckblechen eine Stützkonstruktion aus Hartschaum eingearbeitet, die es erlaubte, die Materialfestigkeit der Bleche weitestgehend auszunutzen und somit ein sehr leichtes und stabiles Bauteil zu schaffen. Dies war bei nur mit Profilen versteiften Blechen, wie sie üblicherweise benutzt wurden, nicht möglich.

Die Drehgestelle der Bauart Görlitz VI entstan-

den aus der Bauart Görlitz V und waren besonders für höhere Geschwindigkeiten geeignet. Die spielfrei rollengelagerten Vollradsätze sorgten auch im oberen Geschwindigkeitsbereich für eine hohe Laufgüte. Die Reichsbahn entschied sich für eine selbsttätige Einkammer-Druckluftklotzbremse mit Einheitswirkung der Bauart Knorr KG-GPR. Die Drehgestelle konnten aber auch mit Scheibenbremsen und Magnetschienenbremsen ausgestattet werden. Damit waren sogar Höchstgeschwindigkeiten bis zu 200 km/h erlaubt. An den Stirnseiten sicherten Gummiwülste und zweiflügelige Schiebetüren die Übergänge. Drehfalttüren aus Glasfaser verstärktem Polyester waren an den Wagenenden vorhanden. Sie wiesen eine Türschließ- und Blockiereinrichtung sowie einem Schutz gegen Einquetschen der Finger auf. In den 1. Klasse-Abteilen waren je sechs verstellbare, stoffbezogene Einzelsitze vorhanden, die durch Kopfpolster und Armlehnen ergänzt wurden. In den 2. Klasse-Abteilen wurden wieder durchgehende Sitzbänke mit Kunstlederbezug montiert, so dass pro Abteil acht Reisende mitfahren konnten. Die Zweikanal-Luftheizung ermöglichte den Betrieb mit Dampf und allen von der UIC zugelassenen Spannungen. Thermostate überwachten und regelten die Heizung. Im Sommer arbeitete sie als reine Belüftungsanlage. Die Zuluft wurde in die Abteile eingeblasen und entwich über den Seitengang und Lüfter im Wagendach ins Freie.

Untergestell und Laufwerk waren bei der Ablieferung schwarz lackiert. Der Wagenkasten hatte einen grünen Anstrich. Für das Dach wurde graue Farbe verwendet. Ab 1981 wurde die Lackierung auf den grün/elfenbeinfarbigen Anstrich umgestellt. Für die Dächer wurde nun Rehbraun verwendet.

Wie die Vorgängerbauarten kamen auch die Y/B 70-Wagen direkt in den internationalen Schnellzugsdienst, wobei sie bevorzugt bei Zü-

Technische Daten	
Länge über Puffer	**24.500 mm**
Breite	**2.882 mm**
Höhe	**4.230 mm**
Drehzapfenabstand	**17.200 mm**
Radsatzstand	**19.700 m**
Drehgestellbauart	**Görlitz VI**
Radsatzabstand Drehgestell	**2.500 m**
Höchstgeschwindigkeit	**160 km/h**
Anzahl der Plätze	
Ame	**54**
ABme 1./2. Klasse	**24/40**
Bme	**80**
Heizung	**Lhz**
Bremse	**KE-GPR**
Eigenmasse	**37.500 kg**
Erstes Baujahr	
Ame	**1973**
ABme	**1973**
Prototyp Bme	**1969**
Bme	**1971**
Stückzahl	
Ame	**139**
ABme	**35**
Prototyp Bme	**2**
Bme	**60**
Gattungsnummer	
Ame	**2127**
ABme	**2227**
Bme	**2328**

gen ins westliche Ausland zu finden waren. Ab 1983 begann die Ablösung der Y/B 70-Wagen durch 26,4 m lange »Halberstädter«-Wagen. In der zweiten Hälfte der 1980er Jahre wurden die Wagen aufgearbeitet und nun bevorzugt im Binnenverkehr eingesetzt. Ab 1990 wanderten sie in den Nahverkehr ab. Bei der Deutschen Bahn AG erhielten sie die Bezeichnungen A 507.1, AB 512.1 und B 519.1, wurden jedoch bald nach der Übernahme ausgemustert.

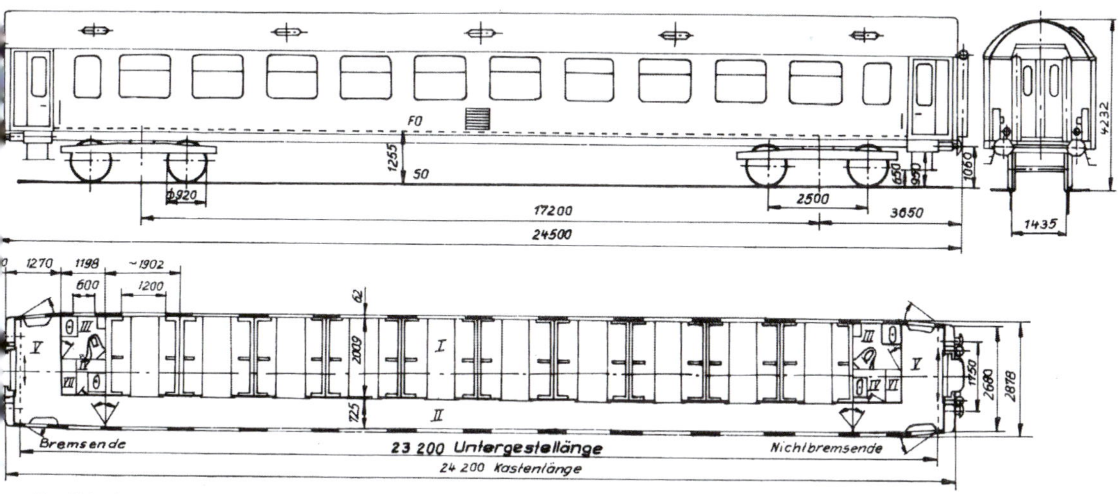

I Abteil 80 Sitzplätze
II Seitengang
III Toilette
IV Waschraum
V Einstiegraum
VI Schaltschrank
VII Ersatzteilschrank

Städteexpress-Wagen

Mitte der 1970er Jahre hatte die Deutsche Reichsbahn abermals die Gelegenheit, Reisezugwagen vom Typ Y/B 70 in ihren Bestand zu übernehmen. Die Wagen waren eigentlich für die tschechoslowakischen Staatsbahnen ČSD gebaut worden. Diese hatte aber nicht genügend finanzielle Mittel, um die Wagen zu übernehmen. Im Einzelnen handelte es sich um 43 Wagen der 1. Klasse (Bauart Ame) mit den Nummern 51 50 19-45 070 bis 112 und 60 Wagen der 2. Klasse (Bauart Bme) mit den Nummern 51 50 19-45 118 bis 177. Dazu kamen noch sieben Halbgepäckwagen der Bauart BDmse. Sie erhielten die Nummern 51 50 82-40 000 bis 006. Mit der Übernahme dieser Wagen führte die Reichsbahn 1976 die Städteexpresszüge ein. Sie waren die Nachfolger des seit 1960 existierenden Städteschnellverkehrs, der Ostberlin, die Hauptstadt der DDR, morgens und abends mit den wichtigsten Bezirksstädten verband. Durch die Aufwertung wurden die »D«-Züge zu »Ex«-Zügen. Sie fuhren nur montags bis freitags und unterschieden sich äußerlich durch die zweifarbige orange/cremefarbene Lackierung von den übrigen Reisezügen der DR. Die Züge waren expresszuschlagspflichtig und bestanden nur aus Platzkartenwagen. Sie waren in »Blockbildung« gereiht, d.h. die Wagen der 1. und der 2. Klasse wurden durch einen Speisewagen voneinander getrennt. Als Speisewagen nutzte man einige der ab 1973 im Raw Halberstadt gebauten, nur 18,7 m langen Speisewagen der Bauart WRg. Sie erhielten ebenfalls den zweifarbigen Anstrich, so dass der Zug ein einheitliches Erscheinungsbild aufwies. Nur die Loks unterschieden sich farblich von den Wagen, doch gab es Überlegungen, die Loks passend zweifarbig zu lackieren.

Weil die Wagen für den Export bestimmt waren, unterschieden sie sich von den an die Reichsbahn gelieferten Wagen des Typs Y/B 70. So besaßen sie die Bremsbauart Dako-PR mit Gleitschutzregler und Achslagerbremsdruckregler, eine Bauart, wie sie in der Tschechoslowakei gebräuchlich war. Die Bremse wurde später bei Revisionen gegen die in Deutschland übliche Knorr-Bremse ausgetauscht. Auch die Inneneinrichtung unterschied sich von den DR-Wagen. So wiesen auch die 2. Klasse-Wagen nur sechs Sitzplätze pro Abteil auf, aller-

dings waren die Sitze auch hier mit Kunstleder bezogen. In der 1. Klasse erhöhte man den Fahrkomfort durch zusätzliche Teppiche. Ein weiteres Markenzeichen der Züge waren die klangvollen Namen wie beispielsweise »Lipsia« (Ex 161/162 Berlin – Leipzig), »Fichtelberg«

Technische Daten	
Länge über Puffer	24.500 mm
Breite	2.882 mm
Höhe	4.230 mm
Drehzapfenabstand	17.200 mm
Radsatzstand	19.700 mm
Drehgestellbauart	Görlitz VI
Radsatzabstand Drehgestell	2.500 mm
Höchstgeschwindigkeit	140 km/h
Anzahl der Plätze	
Ame	54
Bme	54
BDmse	40
Heizung	Lhz
Bremse	DK-PR, KE-GPR
Eigenmasse	ca. 38.500 kg
Erstes Baujahr	
Ame	1976
Bme	1976
BDmse	1976
Stückzahl	
Ame	43
Bme	60
BDmse	7
Gattungszahl	
Ame	2126
Bme	2330
BDmse	2420

(Ex 172/175 Berlin – Karl-Marx-Stadt), »Sachsenring« (Ex 160/167 Karl-Marx-Stadt – Berlin) oder »Berlin-Express« (Ex 171/176 Berlin – Dresden) und »Berliner Bär« (Ex 151/156 Berlin – Erfurt). Mit der Anlieferung der 26,4 m langen »Halberstädter« Wagen wurde die 2. Klasse der Städtexpress-Züge aus diesen neuen Wagen gebildet und die ehemaligen Wagen der Bauart Bme in 1. Klasse-Wagen aufgewertet. Während die reinen Sitzwagen für den Einsatz in den Städteexpresszügen vorgesehen waren, wurden die Halbgepäckwagen in normalen Schnellzügen, zum Beispiel nach Karlovy Vary (Karlsbad) eingesetzt.

Alle Wagen liefen auf Drehgestellen der Bauart Görlitz V mit Schraubenfedern und hydraulischen Dämpfern. Die Wagen konnten mit einer automatischen Mittelpufferkupplung nachgerüstet werden. Ringfeder-Hülsenpuffer nach UIC-Vorgaben bildeten die Stoßvorrichtung. Der Wagenkasten war in Flächenbauweise gefertigt und als selbsttragende Schweißkonstruktion ausgeführt. Die Stirnwände wurden durch Schiebetüren und Gummiwülste gesichert. Die Drehfalttüren besaßen eine automatische Türschließ- und Blockiereinrichtung sowie einen Einquetschschutz. In die Seitenwände des Gepäckraums waren Ladetüren eingebaut. In den Fahrgastabteilen wurden Übersetzfenster montiert, im Gepäckraum

konnten diese nicht geöffnet werden. Die Abteile der 1. und 2. Klasse wiesen sechs Einzelsitze auf. Lediglich in den Abteilen der Halbgepäckwagen konnten acht Fahrgäste sitzen. Der Dienstraum für das Ladepersonal war mit zwei Sitzgelegenheiten, Schreibplätzen und Schränken mit Regalfächern ausgestattet. Die Fahrzeuge hatten eine Luftheizung. Ein am Untergestell montiertes Luftheizgerät lieferte die benötigte warme Luft. Es konnte elektrisch oder mit Dampf betrieben werden. Ein Thermostat war für die Überwachung und Regelung der Heizung zuständig.

Im Gegensatz zu den Sitzwagen wurden die Halbgepäckwagen einfarbig chromoxidgrün mit grauem Dach lackiert. Ab 1982 setzte sich dann der grün/beigefarbene Anstrich mit braunem Dach durch. Der Ame mit der Nummer 51 50 19-40 110 wurde versehentlich in das Anstrichschema für IR-Wagen aufgenommen und bekam einen hellgrauen Kasten mit blauem Fensterband.

1994 gelangten noch Wagen der 1. Klasse und sechs Halbgepäckwagen zur DB AG. Die 1. Klasse-Wagen wurden als A 506.1 eingereiht, die Halbgepäckwagen als BDs 275.

Probewagen Typ Z

Anfang der 1970er Jahre kamen erste Gedanken auf, den Komfort in Reisezugwagen zu verbessern. Zwar hatten sich die Typen X und Y bewährt, entsprachen aber nicht mehr dem Stand der Zeit. Die UIC übernahm die Ausarbeitung der Rahmenbedingungen und verabschiedete das Merkblatt UIC 567-2, in dem zwei Varianten vorgesehen sind. Die Wagen vom Typ Z-1 besitzen eine Höchstgeschwindigkeit von 200 km/h und eine Klimaanlage, die vom Typ Z-2 eine Höchstgeschwindigkeit von nur 160 km/h sowie eine Luftheizung oder Klimaanlage.

Auch die Reichsbahn konnte sich dieser Entwicklung nicht verschließen und stellte 1975 auf der Leipziger Frühjahrsmesse ein erstes Baumusterfahrzeug vom Typ Z-2 der Öffentlichkeit vor. Es handelte sich um einen gemischtklassigen Wagen der Bauart ABme. So konnte die Ausstattung beider Klassen in einem Wagen präsentiert werden.

Der Baumusterwagen besaß Drehgestelle der Bauart Görlitz VI mit Klotz- und Magnetschienenbremse. Seine Schraubenkupplungen konnten durch automatische Kupplungen ersetzt werden. Untergestell und Wagenkasten bildeten eine Leichtbaukonstruktion. Neu waren die einteiligen Schwenkschiebetüren der Bauart Bautzen mit automatischer Öffnungs-, Schließ- und Blockiervorrichtung, die sich über Druckknöpfe elektropneumatisch bedienen ließen. Zudem konnte das Personal die Türen über eine zentrale Schließeinrichtung von jeder beliebigen Tür aus schließen. Die neuen Übersetzfenster in der 1. Klasse waren 1.400 mm und in der 2. Klasse noch 1.200 mm breit. Der Wagen besaß vier Abteile der 1. Klasse und sechs Abteile der 2. Klasse. Die Toiletten und die Vorräume wurden vergrößert. Dies ging aber zu Lasten der Waschräume, auf die ganz verzichtet wurde. Wegen der geringen Abteilzahl konnte die Länge der Abteile und somit der Freiraum für die Beine vergrößert werden. In den Abteilen befanden sich in beiden Klassen je sechs ausziehbare Einzelsitze mit leicht auswechselbaren Sitz- und Rückenpolstern.

Der Wagen bekam als Versuchsfahrzeug auch einen markanten, von den Serienwagen abweichenden Anstrich. Drehgestelle und Untergestell wurden schwarz lackiert, die Seitenwände rehbraun. Die Türen waren orange, damit sie besser zu erkennen waren. Für das Dach und die Anschriften verwendete man weiße Farbe. Später wurde der Wagen umlackiert. Nun wurden Drehgestelle und Längsträger dunkelgrau gestrichen. Der untere Teil des Wagenkastens wurde hellgrau, der Fensterbereich bordeauxrot und das Dach wieder hellgrau. Nach zahlreichen Untersuchungen

und Messfahrten wurde der Wagen 1978 im Städteexpressverkehr eingesetzt. Dazu bekam er eine orangefarbene Brüstung und ein elfenbeinfarbenes Fensterband. Nachdem genügend Serienwagen für den Städteexpress vorhanden waren, kam er zur Versuchs- und Entwicklungsstelle in Halle.

Technische Daten	
Länge über Puffer	26.400 mm
Breite	2.824 mm
Höhe	4.050 mm
Drehzapfenabstand	19.000 mm
Radsatzstand	21.500 mm
Drehgestellbauart	Görlitz VI
Radsatzabstand Drehgestell	2.500 mm
Höchstgeschwindigkeit	160 km/h
Anzahl der Plätze 1./2. Kasse	24/36
Heizung	Lhz
Bremse	KE-GPR-Mg
Baujahr	1975
Stückzahl	1

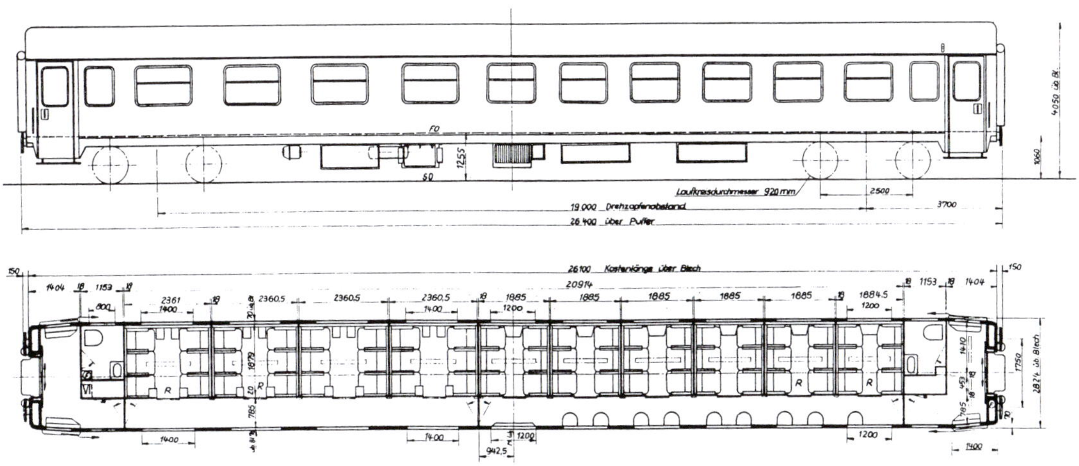

Großraumwagen Bauart Bmh

Wegen der zu kurzen Schiebebühne im Raw Halberstadt konnten bis 1977 nur Wagen mit einer Länge von bis zu 19 m gebaut werden. Diese Wagen entsprachen zu dieser Zeit nicht mehr den aktuellen Ansprüchen und konnten zudem nicht international eingesetzt werden.

Die Deutsche Reichsbahn entschloss sich deshalb zur Verlängerung der Schiebebühne, und ab 1978 konnten Wagen mit der international üblichen Länge von 26,4 m montiert werden. Die Reichsbahn legte daraufhin einen ganzen Katalog solcher Wagen vor, in dem 2. Klasse-Wagen mit Mittelgang und offenen Abteilen für den Binnenverkehr, Wagen mit geschlossenen Abteilen und Seitengang für den internationalen Verkehr sowie Wagen für Sonderzwecke vorgesehen waren. Nach dem Umbau der Schiebebühne endete die Fertigung der Reko-Wagen und ging nahtlos in die Produktion der Bmhe-Wagen über, wie die neuen Fahrzeuge bezeichnet wurden. Zwar hatte Halberstadt bereits 1973/74 zwei Musterfahrzeuge gefertigt, diese waren aber reine Handarbeit und keine Serienproduktion. Insgesamt wurden 1.279 Bmhe-Wagen in Dienst gestellt.

Die Wagen liefen auf modifizierten Drehgestellen der Bauart Görlitz V in Leichtbauweise mit Schraubenfedern und waren mit einer Knorr-Klotzbremse der Bauart KE-GPR ausgestattet. Die Einstiegsräume mit doppelten Drehfalttüren wurden zur Mitte hin verschoben, so dass sie den Innenbereich in drei Fahrgasträume trennten. Eine elektropneumatische Türschließeinrichtung konnte nachgerüstet werden. In den Fahrgasträumen waren Übersetzfenster der Bauart Bautzen montiert, deren oberer Teil sich um 400 mm verschieben ließ. WC- und Vorraumfenster waren Klappfenster. Neben den drei Fahrgasträumen und zwei Einstiegsräumen waren an den Wagenenden zwei Vorräume mit Toiletten und Schalt- bzw. Ersatzteilschränken vorhanden. In den Fahrgasträumen befanden sich offene Abteile in Vis-à-vis-Anordnung mit je acht Sitzen, die durch einen Mittelgang voneinander getrennt waren. Die gepolsterten Sitzflächen und Rückenlehnen waren mit PVC-Kunstleder

bezogen. Die Einkanal-Luftheizung konnte elektrisch oder mit Dampf betrieben werden. Nach Überschreitung einer vorgegebenen Temperatur arbeitete die Heizung als Lüftung. Zwei kontaktlose Drehstromgeneratoren lieferten die elektrische Energie für die Wagen. Anfang der 1980er Jahre rüstete die Bahn einige Wagen mit einer zentralen elektrischen Energieversorgung (ZEV) aus.

Die Wagen erhielten zunächst einen chromoxidgrünen Wagenkasten. Laufwerke und Untergestell waren schwarz, das Dach zunächst grau, später braun. Für den internationalen Einsatz bekamen die Wagen ab 1982 den zweifarbigen Anstrich mit grüner Brüstung und beigefarbenem Fensterband. Einige Wagen wurden für den Einsatz in Städteexpresszügen mit orangefarbenen Brüstungen versehen

Zwar waren die Wagen für den nationalen Fern- und Nahverkehr vorgesehen, wurden zunächst aber international eingesetzt, um dort den Komfort der Züge zu erhöhen. National ergänzten und verdrängten sie später die »Reko«-Wagen sowie ältere Doppelstockwagen. In den 1990er Jahren entsprachen die Wagen nicht mehr den zeitgemäßen Anforderungen und die Reichsbahn nahm sie in ein groß angelegtes Umbauprogramm auf, bei welchem die Wagen in RegionalBahn-Wagen der Bauarten AByu und Byu umgebaut wurden. Trotzdem waren bei der Gründung der Deutschen Bahn AG noch zahlreiche Bmh-Wagen vorhanden, welche diese als Bmh 721 in ihren Bestand einreihte. Auch sie wurden später in RB-Wagen umgebaut.

Technische Daten	
Länge über Puffer	26.400 mm
Breite	2.825 mm
Höhe	4.050 mm
Drehzapfenabstand	19.000 mm
Radsatzstand	21.500 mm
Drehgestellbauart	Görlitz V mod.
Radsatzabstand Drehgestell	2.500 mm
Höchstgeschwindigkeit	140 km/h
Anzahl der Plätze	88
Heizung	Lhzde
Bremse	KE-GPR-A
Eigenmasse	39.300 kg
Erstes Baujahr	1978
Stückzahl	1.279

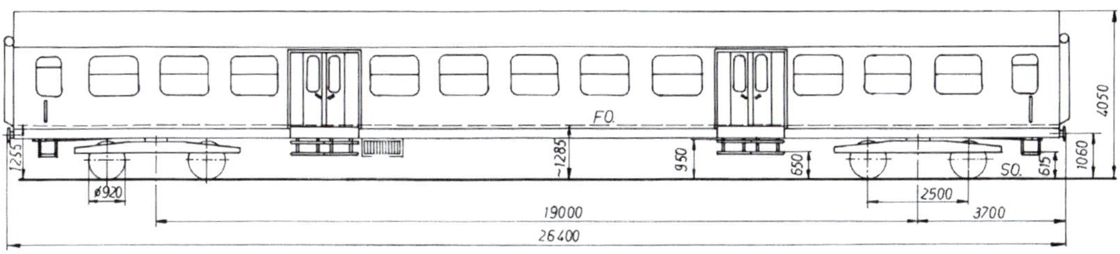

Abteilwagen Typ »Lange Halberstädter«

Aufbauend auf den Probewagen der Bauart ABme von 1975 entwickelte die Deutsche Reichsbahn einen serienreifen Reisezugwagen, welcher den UIC-Vorgaben zum Typ Z entsprach. Die Fahrzeuge hatten eine Länge von 26,4 m und wurden in verschiedenen Ausführungen für den Einsatz im internationalen Schnellzugdienst gefertigt. Anfang der 1980er Jahre war die Konstruktion ausgereift und es begann eine umfangreiche Beschaffung, in der reine 1. Klasse- (Am), 1./2. Klasse- (ABm), reine 2. Klasse- (Bm) und Halbgepäckwagen (BDm) enthalten waren. Die letzten Fahrzeuge dieses Typs waren die Liegewagen der Bauart Bcm. Sie werden getrennt vorgestellt.
Gefertigt wurden die Wagen im Raw Halberstadt, das 1980 bzw. 1981 zunächst je einen Vorserienwagen lieferte. Von den 1. Klasse-Wagen wurden insgesamt 207 Exemplare gebaut, darunter auch Fahrzeuge, die zur Verstärkung des Regierungszugs der DDR dienten. Diese wichen durch ihre komplett grüne Lackierung von den anderen Wagen ab. Die Fertigung der gemischtklassigen Wagen begann 1983 und endete nach 265 Fahrzeugen im Jahr 1989. Von den 2. Klasse-Wagen entstanden zwischen 1984 und 1991 insgesamt 807 Fahrzeuge. Von Halbgepäckwagen wurden zwischen 1986 und 1988 inklusive eines Probewagens 81 Fahrzeuge gebaut.
Ende der 1980er Jahre bestand bei der Reichsbahn ein Bedarf an Reisezugwagen mit Büfett-Abteil. Dort sollten den Reisenden kleine Speisen und Getränke angeboten werden, die sie am Platz oder im Stehbereich der Büffet-Wagen einnehmen konnten. Zwar stellte die MITROPA Mitte der 1980er Jahre auch 25 Vollspeisewagen nach den Vorgaben des Typs Z in Dienst. Diese Wagen reichten aber nicht aus, um den Bedarf zu decken, zumal in kurzen Zügen bzw. Zugläufen ein Vollspeisewagen nicht sinnvoll eingesetzt werden konnte. Deshalb entschied sich die Bahn, einige 2. Klasse-Sitzwagen mit einem Büfett-Bereich auszustatten. Bei diesen, als Bmk bezeichneten Wagen wurden fünf Sitzabteile und das WC an einem Wagenende ausgebaut. Der WC-Raum wurde in einen Vorratsraum umgewandelt. Die Küche, welche den Platz von drei Abteilen einnahm, war mit Herd, Spüle, Kühlschränken und Schränken für das Geschirr ausgestattet. Vor der Theke gab es einen Stehbereich mit

einem unter den Fenstern verlaufenden Tisch. Die Wagen wurden zunächst mit modifizierten Drehgestellen der Bauart Görlitz V K geliefert. Später wurden Drehgestelle der Bauart Bauart GP 200 verbaut. Wagen mit den alten Drehgestellen besaßen eine selbsttätige Einkammer-Druckluft-Klotzbremse der Bauart KE-GPR mit Einheitswirkung. Wagen mit Drehgestellen der Bauart GP 200 wurden mit einer Druckluft-Scheibenbremse der Bauart KE-GPR (D), ebenfalls mit Einheitswirkung, bestückt. Das Untergestell bestand aus unterschiedlichen Stahlprofilen und war so konstruiert, dass Fähren befahren werden können. Für den Wagenkasten wählten die Konstrukteure Abkantprofile, die von außen mit Blechen verkleidet wurden. Die Stirnseiten wurden durch Gummiwülste und zweiflügelige Schiebetüren verschlossen. Die Drehfalttüren entstanden in Aluminiumsandwichbauweise. Sie hatten eine Türschließ- und -blockiereinrichtung. Bei den Halbgepäckwagen waren in die Seitenwände der Gepäckabteile Falttüren integriert. Die Übersetzfenster mit Gewichtsausgleich waren mit Thermodoppelscheiben aus Sicherheitsglas bestückt.

Alle Wagen besaßen zwei Einstiegsräume, einen Seitengang und geschlossene Abteile für die Fahrgäste. In den 1. Klasse-Abteilen gab es sechs bequeme, gepolsterte Einzelsitze, die mit Stoff bezogen waren und einzeln verstellt werden konnten. In den Abteilen der 2. Klasse boten feste, mit Kunstleder bezogene Sitzbänke den Reisenden einen Sitzplatz. Die Armlehnen ließen sich in die Rückenlehnen einklappen. So konnten im nationalen Verkehr acht Plätze pro Abteil vergeben werden. Im internationalen Verkehr beschränkte man sich auf nur sechs Plätze. Gepäckablagen und Fenstertische ergänzten die Ausstattung. Die Halbgepäckwagen waren mit einem großen Abteil für Rollstuhlfahrer und einer behindertengerechten Toilette ausgestattet. Die Wagen hatten eine mit Dampf oder elektrisch betriebene Zweikanal-Luftheizung, die auch als Lüftung eingesetzt werden konnte. Zwei kontaktlose Drehstrom-Achsgeneratoren versorgten die Wagen mit elektrischer Energie.

Für den internationalen Einsatz erhielten die Wagen den zweifarbigen Anstrich mit grüner Brüstung, grünen Stirnseiten und beigefarbenem Fensterband. Die Langträger waren

ebenfalls grün, das Dach beigefarben sowie Laufwerk und Untergestell schwarz gestrichen. Einige Wagen der Bauarten Ame und Bme wurden für den Einsatz im Städteexpress mit orangefarbenen Brüstungen und Stirnseiten ausgestattet. Die Wagen, die zusammen mit den in Bautzen gebauten »Komfortwagen« eingesetzt wurden, liefen mit einer grauen Brüstung und bordeauxrotem Fensterband.

1994 wurden die Wagen von der Deutschen Bahn übernommen und in die Bauarten Am 200, Am 201, Amz 205, Am 848, ABom 222, ABom 226, BDomsb 274 und Bom 280 bis Bom 283 eingereiht. Die Wagen mit dem Bufett-Raum (Bauart Bomk) wurden bereits bis 1993 ausgemustert, so dass keiner mehr zur DB AG kam.

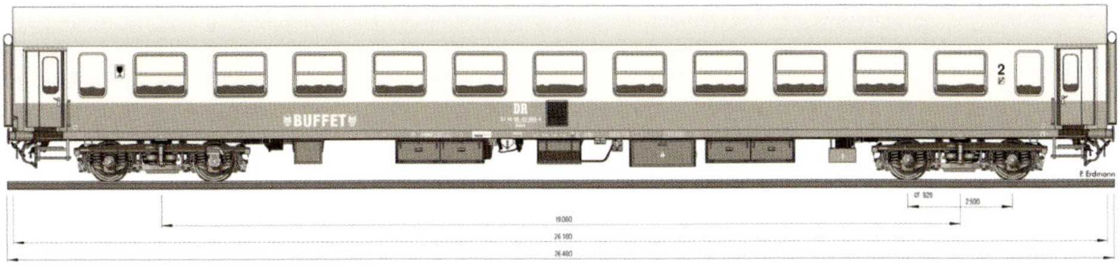

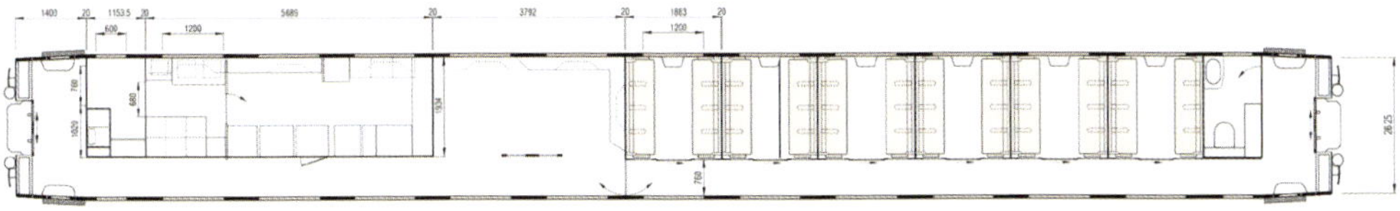

Technische Daten	
Länge über Puffer	26.400 mm
Breite	2.825 mm
Höhe	4.050 mm
Drehzapfenabstand	19.000 mm
Radsatzstand	21.500 mm
Drehgestellbauart	Görlitz V K mod, GP 200 S
Radsatzabstand Drehgestell	2.500 mm
Höchstgeschwindigkeit	
Görlitz V	140 km/h
GP 200	160 km/h
Anzahl der Sitzplätze	
Am	60
ABm1./2. Klasse,	24/36 oder 48
Bm	66 oder 88
BDms	30
Bmk	36 oder 48
Heizung	Lhzde
Bremse	
Görlitz V	KE-GPR
GP 200	KE-GPR (D)
Eigenmasse	39.000 kg
Erstes Baujahr	1983
Stückzahl	
Am	207
ABm	265
Bm	807
BDms	81
Bmk	8

Komfortwagen

Zeitgleich mit der Produktion der auf den vorherigen Seiten vorgestellten langen »Halberstädter«-Wagen entwickelte die Deutsche Reichsbahn auf deren Basis neue Reisezugwagen mit noch höherem Komfort. Dazu gehörten eine Klimaanlage, eine neue elektrische Ausstattung sowie Drehgestelle und Bremsen, die eine Höchstgeschwindigkeit von 200 km/h ermöglichen sollten. Um die Wagen möglichst wirtschaftlich fertigen zu können, entschied man sich, für alle Ausführungen nur einen Wagenkastentyp zu verwenden, was dem Komfort besonders in der 2. Klasse sehr entgegenkam. 1985 wurde auf der Leipziger Messe ein erster Probewagen gezeigt. Danach wurden drei 1. Klasse-Wagen und sieben 2. Klasse-Wagen als sogenannte »Nullserie« gefertigt. Die Wagen wurden gründlich erprobt und später als Ganzzug zwischen Berlin und Rostock bzw. zwischen Berlin und Prag eingesetzt. Aufgrund fehlender finanzieller Möglichkeiten seitens der Reichsbahn kam es aber nicht zu einer Serienfertigung. Reichten die »Komfortwagen« im Betrieb nicht aus, wurden die Züge mit »normalen« Halberstädter Wagen verlängert, die dafür einen zu den Komfortwagen

Technische Daten	
Länge über Puffer	26.400 mm
Breite	2.824 mm
Höhe	4.050 mm
Drehzapfenabstand	19.000 mm
Radsatzstand	21.600 mm
Drehgestellbauart	GP 200 S-Mg
Radsatzabstand Drehgestell	2.600 mm
Höchstgeschwindigkeit	200 km/h
Anzahl der Sitzplätze	
Amhe	60
Bmhe	80
Heizung	Klima
Bremse	KE-GPR-Mg
Eigenmasse	43.000 kg
Erstes Baujahr	1985
Stückzahl	
Amhe	3
Bmhe	7

passenden Anstrich bekamen. Die Fahrzeuge liefen auf Drehgestellen der Bauart GP 200 S-Mg mit Scheiben- und Magnetschienenbremse der Bauart KE-GPR-Mg. Die Seitenwände und das Dach bestanden aus Säulen, Aussteifungen, Pfetten und Spriegeln, die von außen mit Blechen verkleidet waren. Die Schwenkschiebetüren der Bauart Bautzen besaßen eine elektropneumatische Schließ- und Öffnungseinrichtung sowie eine Türblockierung und klappbare Trittstufen. Die Fahrgasträume waren als Großräume ausgeführt. In der 1. Klasse konnten bis zu 60 Reisende einen Sitzplatz einnehmen, in der 2. Klasse 80 Fahrgäste. Während man in der 1. Klasse eine 2+1-Sitzanordnung wählte, standen in der 2. Klasse vier Sitze in 2+2-Anordnung nebeneinander, etwa die Hälfte davon in Fahrtrichtung, die andere dagegen. In der Mitte der Wagen gab es deshalb ein offenes Abteil mit Vis-à-vis-Sitzanordnung. Die Einzel- bzw. Doppelsitze waren weich gepolstert und mit Plüsch bezogen. Rückenlehnen und Sitzflächen ließen sich stufenlos verstellen. Gepäckablagen gab es über den Fenstern. Die Wagen besaßen eine Einkanal-Unterflurklimaanlage mit Mikrorechnersteuerung. Zwei parallel arbeitende Drehstromgeneratoren mit Gleichrichtern und eine Nickel-Cadmium-Batterie dienten der Energieversorgung.

Nach ihrem Einsatz in den oben genannten Zügen wurden die Wagen noch von der Reichsbahn abgestellt, so dass keiner mehr zur Deutschen Bahn AG kam. Später übernahm die DACH-Hotelzug AG die Wagen und ließ sie zu Lounge- und Servicewagen für ihre »CityNightLine«-Züge umbauen. Inzwischen sind sie von den Gleisen verschwunden und die meisten von ihnen wurden Mitte der 2010er Jahre verschrottet.

Abteilwagen Bauart Amz

Für den Einsatz in internationalen Schnellzügen bestellte die Deutsche Reichsbahn 1989 beim VEB Waggonbau Bautzen 40 Abteilwagen 1. Klasse. Die Auslieferung erfolgte 1990 und 1991. Die Wagen waren somit die letzten Neubau-Schnellzugwagen der Deutschen Reichsbahn der DDR.
Sie liefen auf Drehgestellen der Bauart GP 200 mit Schraubenfedern. Eine kombinierte Scheiben- und Magnetschienenbremse mit Einheitswirkung sollte die Wagen sicher zum Stillstand bringen. Dabei diente die Magnetschienenbremse nur als Zusatzbremse bei Schnellbremsungen. Der Wagenkasten war eine Schweißkonstruktion aus Stahl-Leichtprofilen in Spantenbauweise als selbsttragende Röhre. Für die Beblechung wurde besonders witterungsbeständiger Stahl verwendet. Der Fußboden bestand aus nichtrostendem Stahl. Die elektropneumatisch gesteuerten, zweiflügeligen Schiebetüren an den Stirnwänden ließen sich über einen Schwenkgriff bedienen. Schwenkschiebetüren der Bauart Bautzen mit geschwindigkeitsabhängiger Blockierung und einer automatischen Schließanlage ermöglichten den Zugang vom Bahnsteig aus. Die Übersetzfenster der Abteile waren 1.200 mm breit und wiesen Wärme reflektierende Doppelglasscheiben auf. Zwischen den beiden Endeinstiegsräumen mit Toiletten befand sich ein Seitengang, der zu zehn geschlossenen Abteilen führte. Die je sechs Sitze pro Abteil waren mit Stoff bezogen, konnten individuell eingestellt und zudem zu einer Liegefläche zusammengezogen werden. Auf dem Fußboden lagen Teppiche. Die Wagen besaßen eine mit Thermostat überwachte und gesteuerte Zweikanal-Luftheizung mit Zusatzbelüftung. Die Zugsammelschiene übertrug die benötigte Energie von der Zuglok zu den Wagen.
Zunächst war für die Wagen ein Anstrich mit grüner Brüstung und beigefarbenem Fensterband vorgesehen. Die politische Entwicklung veranlasste die Reichsbahn aber, die Wagen im InterCity-Anstrichschema mit grauem Kasten und rotem Fensterband vorzusehen. Davon ging man aber auch wieder ab und lackierte die Wagen im InterRegio-Schema mit grauem

Kasten und blauem Fensterband, obwohl sie nie für diese Züge vorgesehen waren.
1994 kamen die Wagen zur Deutschen Bahn AG und wurden als Amz 210 eingereiht. Für den IR-Verkehr nach Skandinavien baute die DB AG fünf Wagen in gemischtklassige Wagen um und führte sie als Bauart ABomz 229.

Technische Daten	
Länge über Puffer	26.400 mm
Wagenkastenbreite	2.825 mm
Wagenkastenhöhe	4.050 mm
Drehzapfenabstand	19.000 mm
Radsatzstand	21.600 mm
Drehgestellbauart	GP 200 S-Mg
Radsatzabstand Drehgestell	2.600 mm
Höchstgeschwindigkeit	200 km/h
Anzahl der Sitzplätze	60
Heizung	Lhze
Bremse	KE-GPR-Mg (D)
Eigenmasse	39.500 kg
Erstes Baujahr	1991
Stückzahl	40

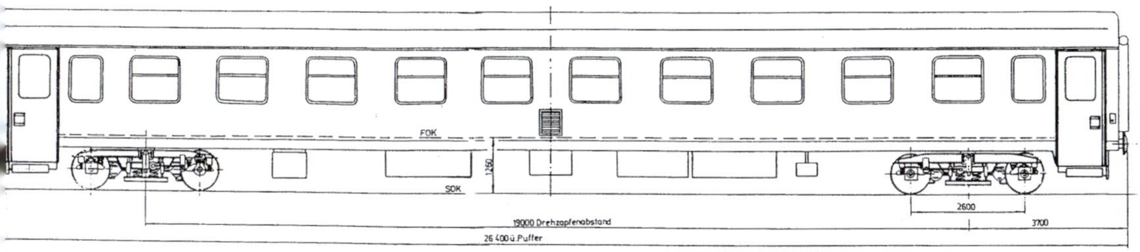

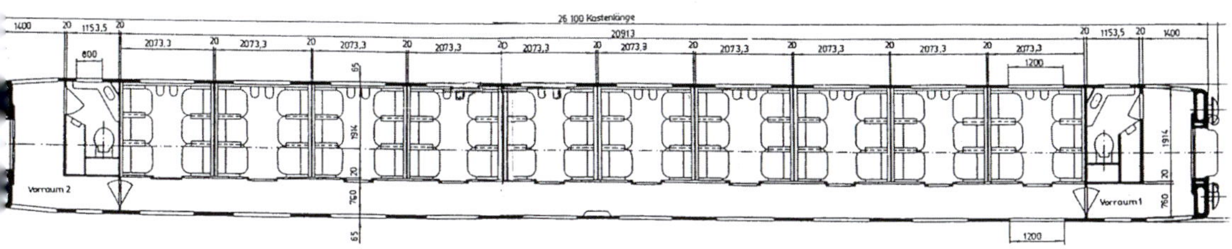

InterRegio-Wagen Bauart Bimz, Bimdz

Die Deutsche Reichsbahn übernahm nach der Wiedervereinigung beider deutscher Staaten, die Zugkategorien der Deutschen Bundesbahn und dazu gehörten InterCity, InterRegio, RegioExpress und RegionalBahn. Allerdings hatte sie keine geeigneten Wagen, um diese Züge anbieten zu können. Auf der anderen Seite standen ihr zahlreiche Wagen vom Typ »Langer Halberstädter« zur Verfügung. Die Wagen waren zwar erst ein paar Jahre alt, entsprachen aber mit ihrer Inneneinrichtung mit geschlossenen Abteilen nicht den Vorgaben für IC- und IR-Züge. Deshalb entschloss sich die Reichsbahn, diese Wagen in InterRegio-Wagen umzubauen.

Die IR-Züge der Bundesbahn führten vier Wagenbauarten, reine 1. Klasse-Wagen der Bauart Aim(z), Bistrowagen mit 1. Klasse-Abteilen der Bauart ARkimbz und reine 2. Klasse-Wagen der Bauart Bim(z). Dazu kamen noch 2. Klasse-Wagen mit Fahrradabteilen der Bauart Bimdz. Bei den ersten beiden Typen entschloss sich die Reichsbahn, Wagen der Bundesbahn-Bauarten zu übernehmen, die 2. Klasse wollte sie mir ihren selbst umgebauten Wagen bestücken. Den Umbau übernahm das Raw Halberstadt. Weil die Spenderwagen nur zehn oder elf Abteile hatten, mussten komplett neue Seitenwände gefertigt werden, um auf zwölf Abteile zu kommen, wie sie bei den 2. Klasse-IR-Wagen gefordert wurden. Der Umbau begann 1991 und ging bis 1993. Insgesamt entstanden 252 Bimz und 62 Bimdz.

Als Drehstelle wurden solche der Bauart GP 200 S-Mg verwendet. Sie besaßen eine Druckluft-Scheibenbremse der Bauart KE- GPR (D)-Mg mit Einheitswirkung sowie eine Magnetschienenbremse und waren für eine Höchstgeschwindigkeit von 200 km/h zugelassen. Der selbsttragende Aufbau setzte sich aus Untergestell, Seitenwänden, Stirnwänden und Dach zusammen. Gummiwülste und zweiflügelige Schiebetüren sicherten die Stirnübergänge. An den Enden waren Drehfalttüren mit Schließ- und Blockiereinrichtung eingebaut, ferner neue Übersetzfenster und feste Fenster installiert. Im Innenraum befanden sich fünf geschlossene Abteile an den Enden sowie zwei Großräume in der Mitte und in den beiden Vorräumen die Toiletten. Bei den Wagen mit Mehr-

zweckabteil wurden an einem Ende der Vorraum, die Toilette und das angrenzende Abteil weggelassen. Kurze Seitengänge verbanden die Abteile und die Großräume mit den Einstiegsräumen. In den geschlossenen Abteilen befanden sich je fünf verstellbare Einzelsitze. Der klappbare Kindersitz am Fenster konnte als Gepäckablage genutzt werden. Spiegel, Gepäckablagen und Klapptische vervollständigten die Ausstattung. In den Großräumen waren die gepolsterten Einzelsitze teilweise vis-à-vis, teilweise in Reihe montiert. An der Wand des Seitengangs gab es sechs Klappsitze.
Während die meisten Wagen mit offenen WC-Systemen geliefert wurden, gab es auch Wagen, die für den Einsatz auf Schnellfahrstecken ein geschlossenes WC-System erhielten. Das geschlossene System wurde später bei allen Wagen nachgerüstet. Alle Wagen wurden über die Zugsammelschiene mit elektrischer Energie

Technische Daten	
Länge über Puffer	26.400 mm
Breite	2.825 mm
Höhe	4.050 mm
Drehzapfenabstand	19.000 mm
Radsatzstand	21.600 mm
Drehgestellbauart	GP 200 S-Mg
Radsatzabstand Drehgestell	2.600 mm
Höchstgeschwindigkeit	200 km/h
Anzahl der Abteilsitzpläte	
Bimz	25
Bimdz	20
Anzahl der Großraumsitzplätze	35 + 6
Klappsitze im Fahrradabteil	5
Heizung	Lhze
Bremse	KE-GPR-Mg (D)
Eigenmasse	
Bimz	43.000 kg
Bimdz	41.000 kg
Erstes Baujahr	1991
Stückzahl	
Bimz	252
Bimdz	62

versorgt, wobei es sowohl Wagen mit Einspannungsanlage als auch mit Mehrspannungsanlage gab. 1994 wurden die Wagen von der Deutschen Bahn AG übernommen und als Bimz 256, Bimz 259 bzw. Bimdz 267 eingereiht.

InterCity-Wagen Bauart Bmz

Wie schon zuvor dargestellt war die Deutsche Reichsbahn bestrebt, nach der Wiedervereinigung beider deutscher Staaten das Zugangebot der Bundesbahn zu übernehmen. Aber auch für die InterCity-Züge hatte die Reichsbahn keine passenden Wagen.

Anfang der 1990er Jahre hatten sich die Abteilwagen vom Typ »Lange Halberstädter« schon im Betrieb bewährt. Was lag also näher, die IC-Wagen aus den D-Zug-Wagen abzuleiten. Wie bei den InterRegio-Wagen verzichtete die Reichsbahn auch hier wieder auf Wagen der 1. Klasse und Speisewagen. Es entstanden lediglich 2. Klasse-Wagen. Bei deren Ausführung lehnte man sich an die Abteilwagen an, verzichtete also auf Großräume wie bei den IR-Wagen. Gebaut wurden die Fahrzeuge der Bauart Bmz in Halberstadt. Zunächst hatte man den IR-Anstrich mit blauem Fensterband vorgesehen. Nach der Lieferung der ersten Wagen entschied man sich dann aber für den IC-Anstrich mit rotem Fensterband und lackierte die IR-farbigen Wagen um. Ab 1991 entstanden insgesamt 112 Wagen.

Sie liefen auf Drehgestellen der Bauart Bauart GP 200 S-Mg, mit denen sie bis zu 200 km/h schnell fahren konnten. Die Druckluft-Scheibenbremse gehörte zur Bauart KE-GPR (D)-Mg mit Einheitswirkung und war um eine Magnetschienenbremse ergänzt. Das Untergestell bestand aus Walzprofilen. Die beiden Außenlangträger, die beiden Hauptquerträger und die beiden Pufferträger bildeten zusammen mit den zusätzlichen Hilfsträgern einen stabilen Rahmen, auf dem der selbsttragende Wagenkasten befestigt war. Die einzelnen Baugruppen des Rahmens waren untereinander und mit dem Untergestell verschweißt. Drehfalttüren mit Schließ- und Blockiereinrichtung erlaubten den seitlichen Zugang zu den Wagen. Die Übersetzfenster mit Thermo-Doppelscheiben aus Sicherheitsglas besaßen einen Gewichtsausgleich.

Die beiden Endvorräume der Wagen waren durch einen Seitengang verbunden, welcher zu elf geschlossenen Abteilen mit je sechs verstellbaren und mit Stoff bezogenen Einzelsitzen führte. In beiden Vorräumen befanden sich die Toiletten und Schalt- bzw. Ersatzteilschränke. Eine Zweikanal-Luftheizung mit zusätzlicher Belüftungseinheit generierte angenehme Temperaturen. Eine Zugsammel-

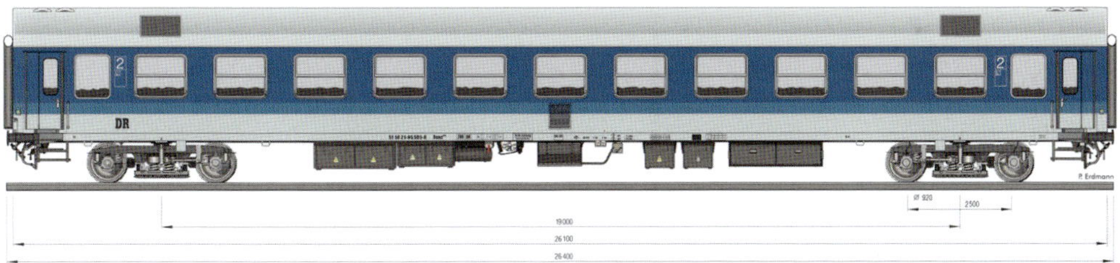

schiene versorgte die Wagen mit elektrischer Energie, wobei es Wagen mit Einspannungs- oder auch Mehrspannungseinrichtung gab. Nach ihrer Abnahme gelangten die Wagen in den IC-Dienst. 1994 wurden sie von der Deutschen Bahn übernommen und als Bomz 236 eingereiht.

Technische Daten	
Länge über Puffer	26.400 mm
Breite	2.825 mm
Höhe	4.050 mm
Drehzapfenabstand	19.000 mm
Radsatzstand	21.600 mm
Drehgestellbauart	GP 200 S-Mg
Radsatzabstand Drehgestell	2.600 mm
Höchstgeschwindigkeit	200 km/h
Anzahl der Sitzplätze	66
Heizung	Lhze
Bremse	KE-GPR-Mg (D)
Eigenmasse	39.000 kg
Erstes Baujahr	1991
Stückzahl	112

RegionalBahn-Wagen Bauart ABy, By

Als weitere Zugangebote der Deutschen Bundesbahn übernahm die Deutsche Reichsbahn die RegionalExpress- bzw. die RegionalBahn-Züge. Auch hier fehlten aber die passenden Reisezugwagen, um diese Züge bilden zu können. Die Reichsbahn hatte aber über 1.200 Wagen der Gattung Bmh in ihrem Bestand, die mit ihrer Raumaufteilung den Bundesbahn-Wagen ähnelten. Auch sie besaßen drei Fahrgasträume, die durch zwei große Einstiegsräume voneinander getrennt waren. Die Reichsbahn ließ die Wagen in gemischtklassige Wagen der Bauart AByu und reine 2. Klasse-Wagen der Bauart Byu umbauen. Auf Steuerwagen wurde zunächst verzichtet. Sie entstanden erst ab 1994 bei der Deutschen Bahn AG. Für die als Bybdzf 482 bezeichneten Wagen dienten ebenfalls die Bmh als Spender.

Zunächst wurden zwei gemischtklassige und ein 2. Klasse-Probewagen gefertigt. Einer der AB-Wagen hatte den 1. Klasse-Bereich in der Mitte zwischen den Einstiegsräumen. Beim anderen AB-Wagen gehörte je eine Klasse zu einer Wagenhälfte, die Einstiegräume teilten jede Klasse in zwei Bereiche. Während die erste Ausführung in Serie ging, konnte sich die zweite nicht durchsetzen. Die Wagen wurden zunächst in den Ausbesserungswerken Potsdam, Delitzsch und Halberstadt umgebaut. Nach der Wiedervereinigung kam noch die PFA (Partner für Fahrzeugausstattung GmbH) in Weiden hinzu. Zwischen Juni 1993 und März 1997 wurden insgesamt 268 Wagen der Bauart ABy gefertigt, von den Byu entstanden 900 Exemplare.

Die Drehgestelle der Spenderwagen blieben beim Umbau erhalten und gehören zu den Bauarten Görlitz Va und GP 200-S. Beide Bauarten verfügen über Schraubenfedern für die Radsatz- und Wiegenfederung. Die Drehgestelle der Bauart Görlitz Va besaßen eine selbsttätige Einkammer-Druckluft-Klotzbremse der Bauart <R> KE-GPR mit Einheitswirkung. In die Drehgestelle der Bauart GP 200 S wurde eine Scheibenbremse der Bauart <R> KE-GPR (D) mit Einheitswirkung eingebaut. Das Untergestell war aus Walzprofilen gefertigt und so ausgeführt, dass die Wagen auf Fähren verladen werden konnten. Ein gesickter Blechfußboden verstärkte die Konstruktion Der Wagenkasten aus Abkantprofilen war eine selbsttragende Schweißkonstruktion aus den Baugruppen Seitenwände, Stirnwände und Dach. Je zwei Drehfalttüren in den

Seitenwänden führten in die beiden Einstiegsräume. Die Türen wiesen eine elektropneumatische Türschließeinrichtung und eine geschwindigkeitsabhängige Türblockiereinrichtung auf. In die Seitenwände der Fahrgasträume wurden abwechselnd feste und Übersetzfenster mit Gewichtsausgleich eingebaut.

In der 1. Klasse befanden sich geschlossene Abteile und ein Großraum. Die beiden Abteile wiesen je fünf Sitzplätze und zwei kleine Abstellflächen auf. Die 2. Klasse besaß nur Großräume. Hier gab es Einzelsitze in Reihen- und Vis-à-vis-Anordnung. Die Sitze bestanden aus einer Kunststoffschale mit gepolsterten Sitzflächen und Rückenlehnen. Beim Umbau entfiel eine Toilette, so dass die Wagen nur noch eine Toilette aufwiesen. Es gab Wagen mit offenen und geschlossenen Toilettensystemen. Die Einkanal-Luftheizung hatte eine manuelle Regelung mit Thermostat-Überwachung und konnte elektrisch oder mit Dampf betrieben werden.

Technische Daten

Länge über Puffer	26.400 mm
Breite	2.860 mm
Höhe	4.050 mm
Drehzapfenabstand	19.000 mm
Radsatzstand	21.500 mm
Drehgestellbauart	Görlitz Va, GP 200-S
Radsatzabstand Drehgestell	2.500/2.600 mm
Höchstgeschwindigkeit	140 km/h
Sitzplätze	
ABy 1./2. Klasse	25+1*/46+2*
By	80+6* oder 84+4*
Heizung	Lhzde
Bremse	
Görlitz Va	<R> KE-GPR
GP 200	<R> KE-GPR (D)
Eigenmasse	40.000 kg
Erstes Baujahr	1993
Stückzahl	
ABy	268
By	900

* Kindersitze

Je nach Ausstattung lieferten Achsgeneratoren oder eine Zugsammelschiene die elektrische Energie für die Wagen.

Nach dem Umbau bekamen die Fahrzeuge den von der Deutschen Bundesbahn verwendeten Anstrich für RegionalBahn-Wagen mit hellgrauem Wagenkasten, türkisfarbenem Fensterband und grauem Dach. Das Fahrwerk war graubraun. Nach der Übernahme durch die Deutsche Bahn AG wurden die Wagen als ABy(z) 407, AByu 408, By(u) 438 und By(z) 439 bezeichnet.

Doppelstock-Gliederzug Bauart DB 13

Ende der 1940er Jahre entsprachen die alten Reisezugwagen der Deutschen Reichsbahn besonders im Berufs- und Vorortverkehr nicht mehr den gestiegenen Ansprüchen. Sie boten weder die geforderten hohen Platzkapazitäten, noch ermöglichten sie einen schnellen Fahrgastwechsel. Die Reichsbahn erinnerte sich in diesem Zusammenhang an die zweiteiligen Doppelstockwagen der Lübeck-Büchener-Eisenbahn (LBE), mit denen diese Bahn schon vor dem Zweiten Weltkrieg einen schnellen Regionalverkehr zwischen Hamburg und Lübeck abgewickelt hatte. Sie übernahm deren Konstruktion und brachte sie auf den neuesten technischen Stand. Sie ging sogar noch weiter und verlängerte die zweiteiligen Wagen um zwei Mittelteile zu vierteiligen Einheiten. Damit konnten Züge für etwa 1.000 Reisende gebildet werden, die nicht länger als 100 m waren. Die vierteiligen Einheiten wiesen nämlich eine Länge von knapp über 73 m auf und boten 900 Plätze.

Entwicklung und Bau übernahm das »Zentrale Konstruktionsbüro Waggonbau« – LOWA Waggonbau in Görlitz. Anfang 1952 wurde dann der erste Zug in Betrieb genommen. Entsprechend der Klasseneinteilung wurde der Einheit noch die 3. Klasse zugewiesen und sie als »SC« mit der Nummer 10 601 bezeichnet. Die einzelnen Elemente unterschied man mit den Buchstaben a bis d hinter der Wagennummer. Danach folgte eine erste, neun Züge umfassende Bauserie, die ab Anfang 1953 zur Reichsbahn gelangte. Sie wurden im Ende

DR
DR

1953 abermals um zusätzliche Garnituren ergänzt. Im Juli 1957 endete dann nach 81 Einheiten zunächst die Beschaffung der Vierteiler und es wurden Zweiteiler gebaut.

Der Bedarf an Vierteilern war aber noch nicht gedeckt, so dass 1961 deren Produktion abermals aufgenommen wurde. Diese Bauserie wurde auf den neuesten Stand gebracht und als Fahrzeuge der 2. Klasse abgeliefert. Durch die Klassenreform wurden die 3. Klasse-Wagen der ersten Baureihe in die 2. Klasse hochgestuft. Die letzte Baureihe der hier vorgestellten vierteiligen Doppelstockwagen wurde ab 1970 an die Reichsbahn geliefert. Wichtigste Änderung dieser Wagen waren die Wendezugsteuerung und der Führerraum mit den entsprechenden Einrichtungen an einem Wagenende.

Die Wagen liefen an den Enden auf zweiachsigen Drehgestellen der Bauart Görlitz III leicht. Zwischen den Segmenten befanden sich dreiachsige Mitteldrehgestelle. Sie waren als Jakobsdrehgestelle ausgeführt, weil sich je zwei Wagenkästen auf ihnen abstützten. Die Druckluftbremse der Bauart Hildebrandt-Knorr Hik- P-A wies eine selbsttätige Lastabbremsung auf. Die Seitenwände in Spantenbauweise waren mit einer Bodenwanne und dem Dach zu einer tragenden Röhre verbunden. Wegen der Aerodynamik waren die Dachenden weit heruntergezogen. Acht große Einstiegsräume mit doppelflügeligen Schiebetüren sorgten für einen schnellen Fahrgastwechsel. Auf Türschließ- oder Sicherheitseinrichtungen wurde zunächst verzichtet. Eine breite Treppe in der Mitte führte von den Einstiegsräumen zum Oberstock. Der Unterstock war durch zwei seitliche Treppen zu erreichen. Bei den Seitenfenstern im Oberstock konnte der untere Teil verschoben werden. Bei den Fenstern im Unterstock ließ sich der obere Teil nach innen klappen.

Der Innenraum bot große Freiflächen an den Wagenenden und über den mittleren Drehgestellen für stehende Fahrgäste. Im Ober- und Unterstock befanden sich offene Fahrgasträume. Bei der Inneneinrichtung gab es mehrere Varianten wie nur Längsbänke im Unterstock oder überall Bänke in Vis-a-vis-Anordnung. Während bei den ersten Wagen noch Holzbän-

ke mit Latten verwendet wurden, baute man später gepolsterte und mit Kunstleder bezogene Sitze ein. Die zuerst gebauten Wagen hatten zunächst nur eine Niederdruck-Dampfheizung. Ab 1955 wurde bei ihnen eine elektrische Heizung nachgerüstet, die in allen anderen Wagen bereits ab Werk vorhanden war. Der Oberstock wurde über Lüfter der Bauart Kuckuck mit Frischluft versorgt. Im Unterstock garantierte eine Druckbelüftung frische Luft. Achsgeneratoren mit Riemenantrieb an den mittleren Drehgestellen versorgten die drei getrennten, parallel geschalteten Energieversorgungsanlagen jeder Einheit.

Die Doppelstockwagen wurden mit dunkelgrünen Wagenkästen, schwarzen Laufwerken, schwarzen Bodenwannen und grauen Dächern geliefert. Wagen der Baujahre 1952 und 1953 trugen zwischen den Fenstern die Buchstaben »DR« und darunter »USSR-Zone«. Ab 1954 war die Aufschrift »DEUTSCHE REICHSBAHN« angebracht, die aber später wieder gegen die Buchstaben »DR« ausgetauscht wurde. Ab 1980 wurde ein helleres Grün verwendet und die Bodenwannen in die Kastenlackierung mit einbezogen. Die Dächer waren nun braun. Wagen, die im Großraum Rostock eingesetzt wurden, hatten eine zweifarbige Lackierung. Bei ihnen waren die unteren Teile der Wagenkästen und die Stirnseiten blau. Oben waren die Seitenwände grau.

1994 kamen noch einige Garnituren zur Deutschen Bahn AG, die sie mit den Bauartnummern 573 bis 578 und 588 bis 590 in ihren Bestand einreihte. Ende 1995 waren sie aber bereits von den Gleisen verschwunden.

Technische Daten	
Länge über Puffer bzw. Kupplung	
Endwagen	**19.750 mm**
Mittelwagen	**16.350 mm**
Zug	**73.400 mm**
Breite	**2.860 mm**
Höhe	**4.600 mm**
Drehzapfenabstand	
Endwagen	**16.300 mm**
Mittelwagen	**16.750 mm**
Radsatzstand (Zug)	**69.100 mm**
Drehgestellbauart	**0926/0927**
Radsatzabstand Drehgestell	
Endgestell	**3.000 mm**
Mittelgestell	**2 x 1.800 mm**
Höchstgeschwindigkeit	**100 km/h**
Sitzplätze	**444**
Heizung	**Nuhz**
Bremse	**Hik-P-A**
Eigenmasse	**145.000 kg**
Erstes Baujahr	**1952**
Stückzahl	**152**
Gattungsnummer	
Baujahr 1951 – 1957	**0020**
Baujahr 1961 – 1962	**0021**
Baujahr 1968 – 1970	**0022**
Steuerwagen	
Baujahr 1970	**0025**

Doppelstockwagen Bauart DB 7

Die auf den vorhergehenden Seiten vorgestellten vierteiligen Doppelstockwagen der Reichsbahn hatten sich in ihren ersten zwei Betriebsjahren durchaus bewährt. Es zeigte sich aber, dass sie bei schwankenden Fahrgastzahlen oder Defekten sehr unflexibel waren, denn sie konnten entweder als vierteilige Einheit oder gar nicht eingesetzt werden. Einzelne Segmente konnten nicht ohne großen Aufwand aus den Garnituren herausgenommen werden. Um diesem Umstand Rechnung zu tragen, begann die DR schon 1954 mit der Beschaffung zweiteiliger Doppelstockeinheiten. Sie konnten die Vierteiler bei Bedarf verstärken oder auf weniger frequentierten Strecken und in Tagesrandlagen alleine eingesetzt werden.

Der VEB Waggonbau Görlitz lieferte zunächst zwölf zweiteilige Einheiten. Sie waren mit den Vierteilern nahezu baugleich, weil sie aus den beiden Endwagen der Vierteiler bestehen. Danach endete zunächst die Beschaffung und die Reichsbahn nahm wieder Vierteiler in ihren Bestand auf. Erst 1961 gab es noch einmal eine Lieferung von Zweiteilern, die sich durch modernere Komponenten von den 1954er-Wagen unterschieden. Weitere Zweiteiler entstanden später aus Vierteilern, deren Mittelteile nach Bränden oder Unfällen ausgemustert werden mussten und nicht ersetzt wurden. Interessanterweise entstanden dabei so gut wie keine Dreiteiler.

Auch bei den Zweiteilern wurden an den Wagenden zweiachsige Enddrehgestelle der Bauart Görlitz III leicht verwendet. Das dreiachsige Mitteldrehgestell war auch hier wieder als Jakobsdrehgestell ausgeführt und trug beide Wagenhälften. Beide Drehgestellbauarten arbeiteten mit Schrauben- und Blatttragfedern. Sie waren für eine Höchstgeschwindigkeit von 100 km/h zugelassen. Alle Wagen besaßen eine

Technische Daten	
Länge über Puffer bzw. Kupplung	
Endwagen	19.750 mm
Zug	39.900 mm
Breite	2.860 mm
Höhe	4.600 mm
Drehzapfenabstand	2 x 16.300 mm
Radsatzstand (Zug)	35.600 mm
Drehgestellbauart	0926/0927
Radsatzabstand Drehgestell	
Endgestell	3.000 mm
Mittelgestell	2 x 1.800 mm
Höchstgeschwindigkeit	100 km/h
Sitzplätze	228
Heizung	Nuhz
Bremse	Hik-P-A
Eigenmasse	75.000 kg
Erstes Baujahr	1955
Stückzahl	12
Gattungsnummer	0022

Druckluftbremse der Bauart Hildebrandt-Knorr Hik-P-A mit selbsttätiger Lastabbremsung. Weil bei den Mitteldrehgestellen drei Radsätze gebremst wurden, erhielten sie Bremszylinder mit größerem Durchmesser eingebaut als bei den zweiachsigen Enddrehgestellen. Die tragende Röhre des Aufbaus bestand aus den Bodenwannen, den Wänden und den Dächern. Der Aufbau war geschweißt und wurde aus Profilen und Blechen in Spantenbauweise hergestellt.

Große Einstiegsräume mit doppelflügeligen Schiebetüren an beiden Enden einer jeden Hälfte ermöglichten den schnellen Fahrgastwechsel. Die Fenster in den Fahrgasträumen konnten durch Kurbeln geöffnet und geschlossen werden. Auch die Fenster der Toiletten ließen sich oben nach innen klappen und waren weiß hinterlegt. Ober- und Unterstock verbanden Treppen mit den normal hohen Einstiegsräumen. Die Toiletten und Diensträume befanden sich an den Wagenenden. Die Großräume waren mit einer 2+3-Sitzteilung eingerichtet. Die gepolsterten Sitzbänke waren mit Kunstleder bezogenen. In den Diensträumen befanden sich Schreibtische, Sitzgelegenheiten, Regale und Schränke. Eine Niederdruck-Dampfheizung und eine elektrische Heizung sorgten im Winter für Wärme in den Wagen. Statische Lüfter auf dem Dach versorgten den Oberstock mit Frischluft. Im Unterstock wurde die Luft mit Hilfe einer Druckbelüftung ausgetauscht. Die Wagen erhielten ihre elektrische Energie aus zwei Achsgeneratoren mit Riemenantrieb, welche die Speicherbatterien speisten.

Alle Wagen wurden mit dunkelgrünem Kasten geliefert. Bodenwannen und Laufwerke waren schwarz, die Dächer grau. Zwischen den beiden Fensterreihen prangte der Schriftzug »DEUTSCHE REICHSBAHN«, der aber bald durch die Buchstaben »DR« und Zierlinien ersetzt wurde. In den 1980er Jahren wurden die Wagenkästen chromoxidgrün und die Dächer braun lackiert. Bei der Deutschen Bahn AG wurden noch einige Zweiteiler 1994 als DBx 587 und DBxq 588 eingereiht. Sie verschwanden aber schon bald danach von den Gleisen.

Doppelstockwagen Bauart DGB 12

Die bisher vorgestellten zwei- und vierteiligen Doppelstockzüge der Deutschen Reichsbahn hatten sich in ihren ersten Betriebsjahren bewährt. Sie wiesen jedoch den Nachteil auf, dass für die Einstiegsräume ein großer Teil der Wagen einstöckig ausgeführt werden musste. Dies veranlasste die Reichsbahn zu einer grundlegenden Neukonstruktion von Doppelstockwagen. Wichtiger Punkt bei der Ausführung der Wagen war nun ein Einsatz im Fernverkehr und im Verkehr zwischen den Bezirksstädten. Das hieß, man benötigte mehr Sitzplätze und weniger Verkehrsflächen für den schnellen Fahrgastwechsel. Diese Überlegungen führten schließlich zu einer fünfteiligen Doppelstockgarnitur, bei welcher die Mittelteile in ganzer Länge zweistöckig und die Einstiegsräume als Plattformen auf den Drehgestellen zu finden waren. Die kurzen »Mittelwagen« verbanden wieder je zwei Wagenteile und trugen zudem noch einen kurzen Aufbau mit den Einstiegstüren. Diese Konstruktion hatte den Vorteil, dass die langen Mittelteile nicht auf den Drehgestellen liefen und so die Geräuschbelästigung im Innern wesentlich geringer war. Im Gegensatz zu den Vorgängern verwendete man bei diesen Wagen nur zweiachsige Mitteldrehgestelle.

Die Beschaffung dieser Wagen begann im Jahr 1957. Ab 1970 gab es eine weitere Serie der fünfteiligen Garnituren, die sich in zahlreichen Details von den Vorgängern unterschieden und die auch wieder im Nah- und Bezirksverkehr eingesetzt werden sollten. Nach der Lieferung dieser Wagen endete die Beschaffung dieses Fahrzeugtyps und die Reichsbahn nahm nur noch Doppelstock-Einzelwagen in ihren Bestand auf.

Die achshalterlosen Drehgestelle der Wagen verfügten über Schraubenfedern für die Radsatz- und Wiegenfederung. Die mehrlösige Druckluftbremse mit selbstständiger Lastabbremsung gehörte zur Bauart Hildebrandt-Knorr. Der Wagenkasten war eine selbsttragende Konstruktion aus Stahl, die ohne Untergestelle auskam. Der Kasten war in Leichtbau gefertigt, bestand aus abgekanteten Blechen und war nach unten durch tiefe Bodenwannen abgeschlossen. Die Stirnübergänge mit Gummiwülsten waren auf Höhe des Oberstocks angebracht, so dass sie mit Übergängen einstöckiger Reisezugwagen gekup-

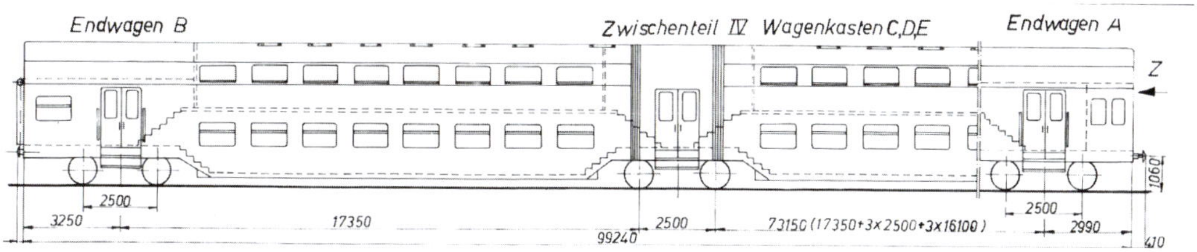

pelt werden konnten. Dies war nur mit speziell für diese Einheiten vorgesehenen Wagen möglich. Bei der Bauserie ab 1970 verlegte man die Stirnübergänge auf normale Höhe, so dass diese Wagen freizügig gekuppelt werden konnten. Für den Einsatz im Nahverkehr erhielten einige dieser Wagen auch eine Wendezugsteuerung mit einem Führerraum an einem Ende.

Als Einstiegstüren wurden zweiflügelige Schiebetüren aus Leichtmetall verwendet. Von den Einstiegsräumen führten Treppen in die Großräume im Unter- und Oberstock. Die Großräume besaßen offene Abteile mit einer 2+2-Sitzteilung und Mittelgang. Die gepolsterten Sitze waren mit Kunstleder bezogen. Über den Sitzen befanden sich Gepäckablagen. Eine Niederdruck-Umlaufheizung sollte für behagliche Temperaturen in den Fahrgasträumen sorgen. Die beiden Enddrehgestelle waren mit insgesamt vier Generatoren mit Flachriemenantrieb ausgestattet, welche die gesamte Garnitur mit elektrischem Strom versorgten. Die Leistung dieser Generatoren reichte aber nicht aus, um die Wagen vollständig zu versorgen, deshalb gab es zusätzlich Generatorwagen, welche den Zügen beigestellt wurden.

Die Wagen wurden im typischen Grün der frühen Reichsbahn geliefert und trugen den Schriftzug »Deutsche Reichsbahn« zwischen den Fenstern. Die Dächer waren dabei grau, die Laufwerke schwarz lackiert. Später wurde die Aufschrift durch die Buchstaben »DR« ersetzt und der Wagenkasten in einem helleren Grün gestrichen. Alle Wagen schieden bis Ende 1993 aus dem Bestand aus.

Technische Daten	
Länge über Puffer bzw. Kupplung	
Endwagen	**21.275 mm**
Zug	**104.300 mm**
Breite	**2.870 mm**
Höhe	**4.650 mm**
Drehgestellbauart	**Görlitz VI**
Radsatzabstand Drehgestell	**2.500 mm**
Höchstgeschwindigkeit	**100 km/h**
Sitzplätze	**614**
Heizung	**Dhz, Elhz**
Bremse	**Hik-P-A**
Eigenmasse	**143.000 kg**
Erstes Baujahr	**1957**
Stückzahl	**64**
Gattungsnummer	
DGB(e)	**0018**
DGBgqe	**0024**
DGBge	**0026**

Doppelstockwagen Bauart DBmu, DBmq

Obwohl die mehrteiligen Doppelstockzüge in Bezug auf Änderungen der Fahrgastzahlen und Schäden recht unflexibel waren, beschaffte die Deutsche Reichsbahn diese Fahrzeuge bis in die 1970er Jahre. Ende der 1960er Jahre hatte sie aber schon Pläne für Doppelstock-Einzelwagen auf dem Tisch, denn mit ihnen konnten dem Bedarf angepasste Zuglängen gebildet und Schadwagen schnell ausgereiht werden. Durch die Stirnübergänge können sich die Reisenden während der Fahrt im ganzen Zug verteilen. Diese Vorteile wurden aber durch ein höheres Gewicht pro Sitzplatz etwas abgeschwächt.

Auf der Leipziger Frühjahrsmesse 1972 wurden die ersten beiden Probewagen dieser Bauart präsentiert – einer mit Klotzbremsen, einer mit Scheibenbremsen, beide vom VEB Waggonbau Görlitz. Nach dem Ende der Messe wurden die beiden Fahrzeuge gründlich untersucht und 1973 von der Reichsbahn übernommen. Bereits ein Jahr später wurden die ersten Serienwagen geliefert. Dabei wurde ein Teil der Lieferung als Steuerwagen ausgeführt. Einige erhielten eine Zugsammelschiene, die anderen waren mit Achsgeneratoren ausgestattet. Die letzten Wagen wurden 1991 in Dienst gestellt.

Sie liefen auf Drehgestellen der Bauart Görlitz VI mit Schraubenfedern, die besonders für die höheren Belastungen bei Doppelstockwagen dimensioniert waren. Es wurden Klotzbremsen der Bauart KE-P-A oder Scheibenbremsen der Bauart KE-P-A (D) verbaut. Wagen mit Klotzbremse konnten bis zu 120 km/h schnell fahren, mit Scheibenbremsen bis zu 140 km/h. Der Kasten war eine selbsttragende Schweißkonstruktion aus Leichtprofilen, die an den Enden um Untergestellvorbauten ergänzt wurden. Die Ausführung der Stirnübergänge ermöglichte einen freizügigen Einsatz dieser Wagen mit einstöckigen Fahrzeugen. Sie besaßen Gummiwülste und wurden durch zweiflügelige Schiebetüren verschlossen. Zwei Einstiegsräume mit doppelten Schiebetüren im Unterstock ermöglichten den Zugang zu den Fahrgasträumen. Die Schiebetüren wiesen eine Druckluft-Schließanlage mit optischen und akustischen Warnsignalen auf. Die Fenster im Unter- und Zwischenstock waren teilweise

Technische Daten	
Länge über Puffer	26.800 mm
Breite	2.780 mm
Höhe	4.630 mm
Drehzapfenabstand	19.500 mm
Radsatzstand	22.000 mm
Drehgestellbauart	Görlitz VI K-Do, Görlitz VI S-Do
Radsatzabstand Drehgestell	2.500 mm
Höchstgeschwindigkeit	120 oder 140 km/h
Anzahl der Sitzplätze	
Oberstock	64
Zwischenstock	16
Unterstock	48
Heizung	Lhze
Bremse	KE-P-A (D)*
Eigenmasse	44.000 kg
Erstes Baujahr	1972
Stückzahl	
DBmue	455
DBmqe	120
Gattungsnummer	
DBmue	2031
DBmqe	2032

fest und teilweise als Klappfenster ausgeführt. Im Oberstock wurden Hebefenster mit Gewichtsausgleich eingebaut.

In den Fahrgasträumen standen gepolsterte Doppelsitze mit Kunstlederbezug zur Verfügung. Eine Einkanalluftheizung im Dachraum an einem Wagenende erwärmte die Wagen im Winter. Die Luft wurde unter den Sitzgestellen in die Räume eingeblasen. Die Regelung übernahmen Thermostate. Die Heizung konnte elektrisch oder mit Dampf betrieben werden.

Die ersten Wagen wurden noch in Grün geliefert, doch schon bald erhielten sie einen zweifarbigen Anstrich mit beigefarbenem Wagenkasten und Dach. In der Mitte der Seitenwände verlief ein breiter grauer Streifen. Für die rund um Berlin eingesetzten »Sputnik«-Züge bekamen einige Wagen einen Anstrich mit rotem Wagenkasten, grauem Fensterband und ebenfalls grauem Dach. Der dunkel lackierte Unterbereich war durch einen schmalen hellen Streifen vom Kasten abgesetzt.

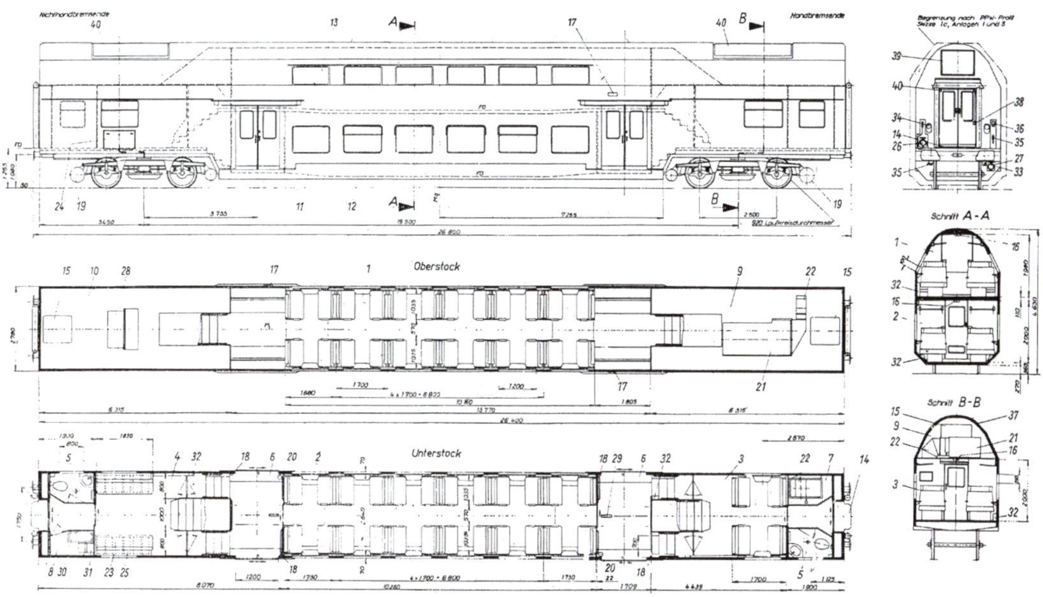

Nach der Übernahme durch die Deutsche Bahn wurden die Wagen je nach Ausstattung als DBmu 743, DBmuz 745 oder DBmuz 746 eingereiht, Steuerwagen als DBmq 771, DBmqz 773, DBmq 775 oder DBmq 776. Bereits 1992 begann das Raw Wittenberge mit der Modernisierung der Wagen. Sie erhielten unter anderem mit Stoff bezogene Sitze, mehr Fenster und neue Einstiegstüren. Die Wagen wurden später als DBuz 747, DBmu 748 und DBuz 749 bezeichnet. Auch die Steuerwagen wurden umgebaut und dann als DABbuzf 777 und DABbuzf 778 gelistet.

Doppelstock-Steuerwagen Bauart DABgbuzf

Die letzte Neuentwicklung der Deutschen Reichsbahn auf dem Sektor Reisezugwagen waren die hier vorgestellten doppelstöckigen Steuerwagen der Bauart DABgbuzf 760. Sie wurden in Auftrag gegeben, weil mit den Vorgängern der Bauart DBmqz der Bedarf an solchen Wagen nicht gedeckt werden konnte. Die Wagen bauten zwar auf den DBmqz auf, unterschieden sich aber bei der Konstruktion und der Ausstattung grundlegend von ihren Vorgängern. Besonders auffällig waren der neue Steuerkopf und die im oberen Stock gewölbten Seitenfenster. Somit konnte der Wagenkasten in diesem Bereich besser an das Lichtraumprofil angepasst und der Querschnitt der Räume im Oberstock vergrößert werden. Die Waggonbau Görlitz GmbH bekam den Auftrag für die Fertigung von 100 dieser Steuerwagen, und 1992 erhielt die DR die erste, 25 Wagen umfassende Serie. 1993 folgten die restlichen 75 Wagen.

Die modifizierten Drehgestelle der Bauart Görlitz VI S-Do wurden um die von Steuerwagen benötigten Zusatzeinrichtungen wie Sandstreuanlage, Schienenräumer und Spurkranzschmierung ergänzt. Um die Sicherheitseinrichtungen bedienen zu können, waren Schaltmagneten an den Drehgestellen aufgehängt. Die Einkammer-Druckluft-Scheibenbremse der Bauart Knorr <R> KE-PR-A (D) gehörte zu einer verstärkten Ausführung, die speziell für Doppelstockwagen gebaut wurde. Wie die früheren Doppelstockwagen besaßen auch diese Steuerwagen kein Untergestell. Seitenwände, Dach und eine Bodenwanne bilden eine tragende Röhre, die an den Wagenenden um die Untergestellvorbauten ergänzt waren. Diese Vorbauten konnten mit einer automatischen Mittelpufferkupplung bestückt werden. Zwei große Einstiegsräume mit doppelflügeligen Schiebetüren im Unterstock ermöglichten einen schnellen Fahrgastwechsel. Sie lagen nur 600 mm über der Schienenoberkante. Treppen führten in den Zwischen- und weiter in den Oberstock. In den Fahrgasträumen waren Klappfenster eingebaut, von denen einige als Notausstiege genutzt werden konnten. Eine große Panoramascheibe an der Stirnseite des Führerraums erlaubte eine besonders gute Streckensicht. Damit der Lokführer den Zug bei der Abfahrt kontrollieren konnte, ließen sich die Seitenfenster des Führerraums öffnen.

Der 1. Klasse-Bereich wurde hinter dem Führerraum im Zwischen-, Unter- und Oberstock vorgesehen. Der restliche Wagen wurde der 2. Klasse zugeschlagen. Dabei war im Unter-

stock ein Mehrzweckraum mit Klappsitzen an den Seitenwänden vorhanden. Hier befand sich auch die behindertengerechte Toilette. Im Zwischenstock am Wagenende befanden sich ein Dienstraum für den Zugführer und ein Schaltschrank. In den Fahrgasträumen wurden neu entwickelte Einzelschalensitze in unterschiedlichen Anordnungen und – je nach Klasse – in unterschiedlichen Ausführungen eingebaut. So erhielten die Sitze in der 1. Klasse beispielsweise zusätzliche Kopfpolster.

Die Wagen besaßen eine Einkanal-Luftheizanlage, die auch nur zur Belüftung der Innenräume genutzt werden konnte. Im Führerraum befand sich eine separate Klimaanlage. Die Wagen erhielten die elektrische Energie über die Zugsammelschiene aus der Lokomotive. Mit dem Führerpult konnten die gängigsten Ellok-Baureihen der Bundesbahn und der Reichsbahn mit zeitmultiplexer Wendezugsteuerung (ZWS) bedient werden. Es entsprach im Aufbau dem der Ellok-Baureihe 143. Reisende wurden über ein Fahrgast-Informationssystem mit den wichtigsten Fakten zur Fahrt wie Namen der Haltestellen und Lage der Bahnsteige versorgt.

Die Wagen erhielten bereits bei ihrer Ablieferung den Anstrich für RegionalBahn-Wagen mit grauem Wagenkasten und türkisfarbigen Fensterbändern. Laufwerke und Bodenwannen wurden graubraun gestrichen. Am Wagenkasten prangte das neue, runde Emblem der Reichsbahn. Nach ihrer Ablieferung liefen die Wagen in den Ballungsgebieten um Berlin, Dresden, Halle, Leipzig und Rostock. 1994 kamen alle zur Deutschen Bahn AG und wurden als DABgbuzf 760 eingereiht.

Technische Daten	
Länge über Puffer	26.800 mm
Breite	2.780 mm
Höhe	4.630 mm
Drehzapfenabstand	19.500 mm
Radsatzstand	22.000 mm
Drehgestellbauart	Görlitz VI S-Do
Radsatzabstand Drehgestell	2.500 mm
Höchstgeschwindigkeit	140 km/h
Anzahl der Plätze	
1./2. Klasse	28/44
Klappsitze	19
Heizung	Lhze, Elhz
Bremse	<R> KE-PR-A (D)
Eigenmasse	48.000 kg
Baujahr	1992
Stückzahl	100

Speisewagen Bauart WRg (Gotha)

Nachdem das Modernisierungs- und Rekonstruktionsprogramm für Sitzwagen in vollem Gang war, begannen die Deutsche Reichsbahn bzw. die MITROPA Anfang der 1960er Jahre mit der Aufarbeitung der von ihr bewirtschafteten Speise- und Schlafwagen. Bis zu diesem Zeitpunkt besaß die MITROPA einen sehr bunten Speisewagenpark, der sich aus eigenen Vorkriegswagen, aber auch Wagen der Compagnie Internationale des Wagons-Lits (CIWL) zusammensetzte. Dazu kamen einige Wagen, die aus im Zweiten Weltkrieg halbfertig abgestellten Wagenkästen entstanden waren, und einige Halbspeisewagen, die notdürftig aus alten Sitzwagen umgebaut wurden. Um diesem Mangel abzuhelfen, erhielt die Hauptwerkstatt der MITROPA in Gotha Ende der 1950er Jahre den Auftrag, insgesamt neun einheitliche Speisewagen aus alten Reisezugwagen zu rekonstruieren. Für die ersten fünf Wagen verwendete man die Untergestelle alter Sitzwagen. Sie bekamen später die Nummern 055-040 bis 055-044. Die übrigen vier Fahrzeuge baute man auf den alten Speisewagen mit den Nummern 055-025, 055-033, 055-056 und 055-057 auf.

Bei den ersten fünf Wagen verwendete man die Original-Drehgestelle der Spenderwagen

Technische Daten	
Länge über Puffer	22.900 mm
Breite	2.900 mm
Höhe	4.000 mm
Drehzapfenabstand	15.800 mm
Radsatzstand	18.300 mm
Drehgestellbauart	Görlitz V
Radsatzabstand Drehgestell	2.500 mm
Höchstgeschwindigkeit	140 km/h
Anzahl der Speiseraumplätze	36
Heizung	Whzö
Bremse	Kks
Eigenmasse	48.800 kg
Baujahr	1961
Stückzahl	9
Gattungsnummer	2553

weiter. Die anderen vier Wagen fuhren nun auf achshalterlosen Drehgestellen mit rollengelagerten Radsätzen. Später wurden auch die ersten fünf Wagen mit diesen Drehgestellen ausgestattet. Als Bremse wählte man eine Ausführung der Bauart Kunze-Knorr-Schnellbremse mit Bremsklötzen. Auf die Untergestelle der Spenderwagen montierte man einen Kasten aus unterschiedlichen Profilen, der von außen verblecht war. Wie bei den Reko- und Mod-Sitzwagen waren auch hier die Seitenwände möglichst eben ausgeführt, d.h. sie waren an den Wagen nicht eingezogen und wurden auch nicht schmaler. Damit sollte eine bessere und schnelle Reinigung der Wagen erreicht werden. Gummiwülste und Türen an den Stirnseiten ermöglichten den Übergang zu den angrenzenden Reisezugwagen. Erstaunlicherweise besaßen die Speisewagen wie die Reko-Dreiachser auf jeder Längsseite jeweils rechts nur eine große Schiebetüre zum Bahnsteig hin. Man ging offenbar davon aus, dass Reisende eher in Sitzwagen einsteigen als in Speisewagen. Der so gewonnene Raum konnte für die Küche und für Vorratsschränke genutzt werden.

Der Innenraum teilte sich in die beiden Vorräume, einen Speiseraum mit 36 Sitzplätzen an zwölf Tischen, einen Personalplatz, Schränke, eine Anrichte und eine Küche auf. Die letzten Beiden waren durch einen Seitengang voneinander getrennt. Zwischen Speise- und Dienstraum befand sich eine Wand. Die Sitze im Speiseraum waren fest mit dem Boden verschraubt, gepolstert und mit Kunstleder bezogen. Der Herd der ersten fünf Wagen wurde mit Öl bzw. mit Propangas befeuert. Für die anderen Wagen wählte man eine Kohlefeuerung. Das warme Wasser für die Heizung wurde auf die gleiche Art und Weise gewonnen. Außerdem gab es eine Dampfheizung, welche über die Hauptdampfleitung aus der Lok gespeist wurde. Lüfter auf dem Wagendach ermöglichten den Luftaustausch zwischen dem Speiseraum und der Umgebung. In der Anrichte und der Küche standen dafür Lüfter der Bauart Flettner zur Verfügung. Zwei riemengetriebene Achsgeneratoren pro Wagen lieferten die elektrische Energie.

Die Wagen erhielten den bordeauxroten Kasten für Speisewagen mit hellen Absetzlinien und Aufschriften. Laufwerke und Untergestell waren schwarz, das Dach grau gestrichen. Die Wagen schieden zwischen Mitte der 1970er und den frühen 1980er Jahren aus dem Bestand aus.

Speisewagen Bauart WRm (Görlitz)

Mit den neun, 1960/61 rekonstruierten Speisewagen konnte der Bedarf bei weitem noch nicht gedeckt werde, zumal immer mehr alte Wagen wegen ihres Zustands aus dem Bestand ausscheiden mussten. Deshalb beauftragte die MITROPA den VEB Waggonbau Görlitz zur gleichen Zeit mit der Neukonstruktion einer Speisewagenbauart. Bei der Ausarbeitung lehnte sich Görlitz an die von der UIC und der OSShD zu dieser Zeit erarbeiteten Eckdaten für Reisezugwagen an und passte die Speisewagen an die Reisezugwagen Typ B an. Somit wiesen die Wagen eine Länge von 24,9 m auf und die Wagenenden wurden nicht eingezogen. 1961 liefert Görlitz nach diesen Vorgaben 20 Speisewagen.

Die neu konstruierten Drehgestelle der Bauart Görlitz V besaßen einen Radsatzstand von 2.500 mm und sollten bis zu einer Geschwindigkeit von 160 km/h eingesetzt werden können. Die vorhandene Bremse der Bauart Knorr KE-GPR ließ aber nur eine Höchstgeschwindigkeit von 140 km/h zu. Das Untergestell bestand aus den beiden Außenlangträgern, die durch zwei Hauptquerträger und zwei Kopfträger zu einem stabilen Rahmen verbunden waren. Ein Sickenfußboden versteifte diese Konstruktion. Der Wagenkasten war in geschweißter Stahlleichtbauweise gefertigt. Das Gerippe war von außen beblecht. Gummiwülste und Falttüren sicherten die Stirnübergänge. Sie wurden vom Personal bedient und blieben während des Einsatzes offen. Die einfachen Drehtüren an den Wagenenden führten in die beiden Einstiegsräume. Übersetzfenster mit Doppelscheiben aus Sicherheitsglas ermöglichten eine gute Sicht nach draußen.

Innen waren die Wagen in zwei Einstiegsräume, zwei Speiseräume, einen Vorratsraum für

Technische Daten	
Länge über Puffer	24.900 mm
Breite	2.834 mm
Höhe	4.100 mm
Drehzapfenabstand	17.000 mm
Radsatzstand	19.500 mm
Drehgestellbauart	Görlitz V
Radsatzabstand Drehgestell	2.500 mm
Höchstgeschwindigkeit	140 km/h
Anzahl der Speiseraumplätze	42
Heizung	Whz
Bremse	KE-GPR
Eigenmasse	44.500 kg
Baujahr	1961
Stückzahl	20
Gattungsnummer	2554

Getränke, eine Küche, eine Anrichte, einen Personalplatz und einen kurzen Seitengang aufgeteilt. Außerdem gab es einen Dienstraum mit einem Waschbecken. Der Speiseraum war durch eine Trennwand in zwei Bereiche unterteilt und bot mit einer 2+1-Teilung 42 Reisenden einen Sitzplatz an einem der 14 Tische. Die blauen Sitze waren mit Schaumgummi gepolstert, mit Kunststoff bezogen und konnten nach oben geklappt werden, denn so ließ sich der Boden einfacher reinigen. In der Küche standen u.a. ein ölgefeuerter Herd, ein elektrischer Kühlschrank und ein Spülbecken.

Eine Druckbelüftung versorgte die Innenräume mit Frischluft. Sie wurde von außen angesaugt und durch Deckenkanäle in die Räume eingeblasen. Eine Warmwasserheizung mit Ölheizgerät sorgte für angenehme Temperaturen in den Wagen. Zusätzlich konnte die Heizung mit Dampf aus der Hauptdampfleitung betrieben werden. Zwei kardangetriebene Generatoren an den Drehgestellen lieferten die elektrische Energie. Außerdem konnten die Wagen an das Ortsnetz angeschlossen werden.

Die Wagen erhielten bordeauxrote Kästen, graue Dächer und schwarze Untergestelle bzw. Laufwerke mit gelben Absetzlinien und Aufschriften. Den für den Touristenexpress vorgesehenen Wagen 055-101 und 055-102 gab man die hellblaue Wagenkastenlackierung dieser Züge wie auch später den Wagen 51 50 88-40 119-2 und 40 120-0. Anfang der 1970er Jahre wechselte dann bei allen die Lackierung zu bordeauxrot. Nach ihren Einsätzen in nationalen und internationalen Schnellzügen wurden die Wagen 1992/93 abgestellt und ausgemustert. Viele von ihnen wurden von Museumsbahnen übernommen.

Speisewagen Bauart WRg

Weil die beiden bisher vorgestellten Speisewagenbauarten bevorzugt im internationalen Reisezugdienst gebraucht wurden, blieb der Mangel an neuen Speisewagen für den Inlandsverkehr weiterhin bestehen. Zwar behalf man sich auf den relativ kurzen Zugläufen innerhalb der DDR mit Halbspeisewagen. Weil aber viele Reisezüge in der DDR recht lang waren, brachten diese Halbspeisewagen aber auch keine dauerhafte Lösung. Anfang der 1970er Jahre lief das Reko-Programm für Sitzwagen im Raw Halberstadt noch auf vollen Touren. Die Maschinen zur Herstellung der Bauteile und auch die Montagestände standen zur Verfügung. Was lag also näher als diese Einrichtungen auch für den Bau von Speisewagen zu nutzen. So entstand ab 1973 die hier vorgestellte Speisewagenbauart, die sich weitgehend an die vierachsigen Reko-Wagen anlehnte. Zwischen 1973 und 1975 wurden 50 Wagen von der DR übernommen.

Die Drehgestelle gehörten zur Bauart Görlitz V, besaßen Schraubenfedern und eine selbsttätige Druckluft-Klotzbremse der Bauart Knorr KE- GP. Die selbsttragende Schweißkonstruktion des Untergestells war aus Leichtprofilen gefertigt, welche die Lang-, Quer- und Pufferträger bildeten. Auch der geschweißte Wagenkasten in Flächenbauweise war selbsttragend. UIC-Drehfalttüren ermöglichten den Einstieg vom Bahnsteig aus. Die Seitenfenster waren als Klappfenster ausgeführt, deren oberer Teil nach innen geklappt werden konnte. Ursprünglich war hinter dem langen Tresen kein Fenster vorhanden. Es zeigte sich aber bald, dass es dort dadurch sehr dunkel war, deshalb baute man in die Wagen der zweiten Bauserie dort zwei zusätzliche Klappfenster ein.

Der Speiseraum bot bei einer 2+2-Sitzteilung 24 Sitzplätze an sechs Tischen. An der langen Theke konnten auf fünf Barhockern ebenfalls Reisende Platz nehmen. Küchen- und Vorratsraum schlossen sich an die Theke an. An ihnen führte ein Seitengang vorbei. Die beiden Vorräume waren an den Wagenenden zu finden. Sitze und Tische im Speiseraum waren fest mit dem Fußboden verschraubt. Die Tische konnten nach oben geklappt werden. Die gepolsterten Sitze

waren mit rotem Kunstleder bezogen. Hinter der Theke befand sich ein hohes Büfett mit Vitrinen, Schränken und Fächern. Die Barhocker entfielen bei der zweiten Bauserie. In der Küche standen zwei Gasherde, zwei Kühlschränke, eine dreiteilige Spüle, ein Handwaschbecken und ein Trockenschrank. Die Dunstabzugshaube diente gleichzeitig als Warmhalteschrank.

Die Wagen konnten mit Dampf oder elektrisch beheizt werden. Zwei Drehstromgeneratoren mit einer Leistung von 4,5 kW lieferten den Strom, wobei auch eine Versorgung aus dem Ortsnetz möglich war.

Nach ihrer Abnahme kamen die kurzen Vierachser überwiegend im Binnenverkehr zum Einsatz. Sie waren sowohl in D-Zügen als auch in Städteexpresszügen zu finden. Um den Betrieb zu vereinfachen, baute die Reichsbahn zwischen 1985 und 1988 alle 20 Wagen der ersten Bauserie und fünf Wagen der zweiten Lieferserie in Büfettwagen um. Dabei wurden im Speiseraum die Sitzplätze gegen Stehtische ausgetauscht und die Verkaufstheke auf Selbstbedienung umgestellt.

Die Wagen besaßen ein schwarzes Laufwerk. Langträger und Wagenkasten erglänzten in Bordeauxrot, das Dach in Grau und die Aufschriften in Gelb. Ab 1982 wurden die Dächer braun lackiert. Wagen des Städteexpress erhielten einen Kasten mit orangefarbener Brüstung und beigefarbenem Fensterband. Wagen, in die ein Büfett eingebaut worden war, bekamen einen Anstrich mit hellbrauner Brüstung. Das Laufwerk blieb schwarz. Die Wagen schieden noch vor 1994 aus dem Bestand aus und so gelangte keiner mehr zur Deutschen Bahn AG. Viele haben aber bei Museumsbahnen eine neue Bleibe gefunden.

Technische Daten	
Länge über Puffer	18.700 mm
Breite	2.900 mm
Höhe	3.930 mm
Drehzapfenabstand	12.200 mm
Radsatzstand	14.700 mm
Drehgestellbauart	Görlitz V
Radsatzabstand Drehgestell	2.500 mm
Höchstgeschwindigkeit	120 km/h
Anzahl der Speiseraumplätze	24
Heizung	Nuhz/ElHz
Bremse	KE-GP
Eigenmasse	31.000 kg
Baujahr	1973
Stückzahl	50
Gattungsnummer	2556

Speisewagen Bauart WRm (Bautzen)

Mitte der 1980er Jahre waren die letzten, von der Deutschen Reichsbahn für den internationalen Fernverkehr beschafften Speisewagen schon knapp 25 Jahre alt und entsprachen nicht mehr den Anforderungen der Zeit. Sowohl der Typ B als Basis als auch die Ausstattung und Einrichtung waren inzwischen veraltet. Außerdem hatten sich international inzwischen die Typen X und Z mit einer Länge von 26,4 m durchgesetzt. Diesmal bekam der VEB Waggonbau Bautzen den Auftrag und so entstanden 1984 insgesamt 25 Fahrzeuge, welche dem UIC-Merkblatt 567 zum Typ Z entsprechen. Zusätzlich wurde ein Sonderspeisewagen an das Ministerium für Nationale Verteidigung (MfNV) geliefert, der sich leicht von den MITROPA-Wagen unterschied.

Alle Wagen besaßen Drehgestelle der Bauart GP 200 S mit einer Druckluft-Scheibenbremse der Bauart KE-GPR (D). Eine Magnetschienenbremse konnte nachgerüstet werden, um die Wagen mit 200 km/h verkehren zu lassen. Ohne sie waren nur 160 km/h erlaubt. Für den Rahmen des Untergestells wählten die Konstrukteure gekantete Leichtprofile aus Stahl. Sie ergaben die Langträger, Querträger und die beiden Untergestellvorbauten. Der Wagenkasten bildete eine selbsttragende Schweißkonstruktion aus Leichtprofilen in Flächenbauweise. Die torsionssteife Röhre war mit besonders korrosionsresistentem Blech bekleidet. Die Wagen besaßen nur am Küchenende einen Einstiegsraum mit zwei Drehfalttüren. Am anderen Ende wurde auf Zustieg verzichtet. Die Übersetzfenster wurden aus wärmereflektierenden Thermoscheiben gefertigt.

Die Wagen erhielten einen Speiseraum mit 42 Sitzplätzen in einer 2+1-Anordnung mit Mittelgang. Tische und Sitze ließen sich zur besseren Reinigung des Bodens nach oben klappen. Beim Wagen vom MfNV wurden die festen Tische und Stühle gegen bewegliche ersetzt. So konnten die Tisch- und Sitzanordnung jederzeit verändert werden. Küche, Anrichte und Spülraum

waren im Gegensatz zu den Vorgängern bei diesen Wagen als ein Großraum ausgeführt. Zu ihrer Ausstattung gehörten u.a. Herde und Backröhren mit Propangas, Warmhaltebecken, Durchlauferhitzer, Kühltruhen und ein Tiefkühlfach. Ein Spülbereich und Schränke ergänzten die Ausstattung. In den Wagen gab es eine Dusche und ein WC für das Personal sowie ein kleines Waschbecken für die Reisenden. Um die Trinkwasserqualität zu gewährleisten, besaßen die Wagen eine besondere Entkeimungsanlage. Die Fahrzeuge hatten eine Einkanal-Zweikanal-Luftheizung, die elektrisch über die Zugsammelschiene versorgt wurde. Zudem war auch der Betrieb mit Öl möglich. Eine durchgehende Hauptdampfleitung war ebenfalls vorhanden. Lüfter der Bauart »Kuckuck« sorgten für den Luftaustausch. Sie wurden durch angetriebene Dachlüfter ergänzt. Den Strom für die Verbraucher in den Wagen lieferten drei kontaktlose Drehstrom-Achsgeneratoren. Einer von ihnen versorgte ausschließlich die Kühl- und Gefrierschränke.

Auch diese Wagen wurden noch mit rotem Kasten geliefert. Das Laufwerk war schwarz, das Dach braun gestrichen. Die Anschriften waren gelb. Auf Absetzlinien wurde zunächst verzichtet, dann aber Anfang der 1990er Jahre doch aufgemalt. Der Salonwagen der NVA besaß einen grünen Wagenkasten mit grauem Dach.
Die Wagen wurden bevorzugt in die Bundesrepublik Deutschland und nach Polen eingesetzt. Sie waren aber auch in nationalen Schnellzügen unterwegs. 1991 ertüchtigte das Raw Gotha einige Wagen für den Einsatz in InterCity-Zügen mit einer neuen Inneneinrichtung u.a. mit Tischlampen. Ferner erhielten sie die IC-Farbgebung mit grauem Kasten und orientrotem Fensterband.
Bis Mitte 1993 schieden alle Wagen aus dem planmäßigen Dienst aus, blieben aber noch im Bestand, so dass sie 1994 zur Deutschen Bahn AG kamen und dort als WRm 130 eingereiht wurden. Die DB verkaufte die Wagen aber recht bald an private Bahnunternehmen und Museumsbahnen.

Technische Daten

Länge über Puffer	26.400 mm
Breite	2.824 mm
Höhe	4.050 mm
Drehzapfenabstand	19.000 mm
Radsatzstand	21.600 mm
Drehgestellbauart	GP 200 S (Mg)
Radsatzabstand Drehgestell	2.600 mm
Höchstgeschwindigkeit	160 km/h
Anzahl der Speiseraumplätze	42
Heizung	Lhzeö
Bremse	KE-GPR-Mg* (D)
Eigenmasse	43.000 kg
Baujahr	1984
Stückzahl	25 + 1 Salonwagen

*teilweise vorhanden

InterRegio-Wagen Bauart ARkimbz

Mit der Wiedervereinigung beider deutscher Staaten übernahm die Deutsche Reichsbahn das Zugangebot der Deutschen Bundesbahn, zumal InterCity- und InterRegio-Linien nun »grenzüberschreitend« geführt wurden. Daraus entstand ein Bedarf an Wagen für diese Züge, welche bei der DR zunächst nicht vorhanden waren. So kam es zu größeren Neu- und Umbauten, die auf den Bauarten der »langen Halberstädter« basierten. Für die IR-Züge entstanden aus ihnen die 2. Klasse-Wagen der Bauart Bimz. Die Züge bestanden in der Regel aus einem 1. Klasse-Wagen der Bauart Aim, einem Bistro-Wagen der Bauart ARkimbz und mehreren 2. Klasse-Wagen der Bauart Bim. Weil die Reichsbahn die beiden erstgenannten Bauarten nicht in ihrem Umbauprogramm hatte, entschied sie sich, diese Typen in den alten Bundesländern zu beschaffen.

Die meisten Wagen entstanden bei der PFA in Weiden durch Umbau alter Fahrzeuge. Dort nahm man für Bistrowagen die gemischtklassigen Wagen der Bauart ABm als Spender, denn bei ihnen musste der 1. Klasse-Bereich lediglich modernisiert, der 2. Klasse-Bereich hingegen komplett umgebaut werden. 1993 übernahm die Reichsbahn die Wagen 94 150-5 bis 94 173. Sie erhielten das neue, runde DR-Emblem mit grünen Buchstaben. So blieben sie aber nur kurz Zeit im Einsatz, denn 1994 gelangten sie zur Deutschen Bahn AG.

Für die Wagen wählte man Drehgestelle der Bauart Minden-Deutz 36 mit Schraubenfedern, Wankstützen und Schlingerdämpfern. Mit der selbsttätigen Druckluftbremse Bauart <R> KE-GPR-Mg (D) ep konnten die Wagen bis zu 200 km/h schnell fahren. Bleche und Walzprofile bildeten das geschweißte Untergestell, das durch einen Wellblechboden ausgesteift und durch rammsteife Untergestellvorbauten ergänzt wurde. Wagenkasten und Dach bestanden aus Stahl-Leichtprofilen und Blechen. Rammsäulen verstärkten die Stirnseiten. Gummiwülste und zweiflügelige Schiebetüren ermöglichten den Übergang zu den Nachbarfahrzeugen. An den Wagenenden konnten Reisende durch Drehfalttüren ein- und aussteigen. Die Türen am Ende der 1. Klasse besaßen einen zweiten, kleinen Türflügel. Durch diese breiteren Einstiege gelangten Reisende mit Rollstühlen über zusätzliche Rampen in den Zug. Die meisten der neuen Fenster waren fest eingebaut, einige jedoch als Übersetzfenster ausgeführt, die sich öffnen ließen.

Der 1. Klasse-Bereich bestand aus zwei geschlossenen Abteilen mit je vier Sitzplätzen

Technische Daten	
Länge über Puffer	26.400 mm
Breite	2.825 mm
Höhe	4.050 mm
Drehzapfenabstand	19.000 mm
Radsatzstand	21.500 mm
Drehgestellbauart	Minden-Deutz 36 (367)
Radsatzabstand Drehgestell	2.500 mm
Höchstgeschwindigkeit	200 km/h
Sitzplätze 1. Klasse	18
Sitzplätze Speiseraum	12
Stehplätze Speiseraum	12
Lehnplätze Speiseraum	12
Dienstmasse	51.000 kg
Heizung	Whzes/Klimae
Bremse	<R> KE-GPR-Mg (D) ep
Erstes Baujahr	1988
Stückzahl	164 (davon 24 für DR)

und einen Großraumbereich mit zwei offenen Abteilen und insgesamt zehn Plätzen. Die Einzelsitze besaßen Kopflehnen mit Kopfkissen. Im Dienstraum konnte der Zugbegleiter seine Arbeit verrichten. Hier gab es einen festen Sitz, zwei Bürodrehstühle, einen Tisch und Schränke. Auch die Sprechstelle war hier untergebracht.
Im Speisebereich standen fünf halbrunde Tische mit Sitzbänken. Außerdem gab es einen freistehenden Tisch mit zwölf Stehplätzen. Hier war auch ein Telefon zu finden. An den Speisebereich schlossen sich die Wirtschafträume an. Hier fand man u.a. Vorratsschränke, einen Mikrowellenherd, einen Kühlschrank und eine Spülmaschine. Auf der Theke standen eine Kaffeemaschine und eine Zapfanlage für Bier. Die Wagen besaßen eine behindertengerechte Toilette mit den dafür notwendigen Sondereinrichtungen.
Alle Wagen wurden über die Zugsammelschiene aus der Lok mit Energie versorgt. Zur Reichsbahn kamen nur Wagen mit einer Einspannungsanlage. Sie waren mit einer Klimaanlage mit Zwangsbelüftung ausgestattet. Laufwerk und Untergestell waren graubraun lackiert. Langträger, Kasten und Dach erhielten einen grauen Anstrich. Das Fensterband setzte sich blau davon ab.

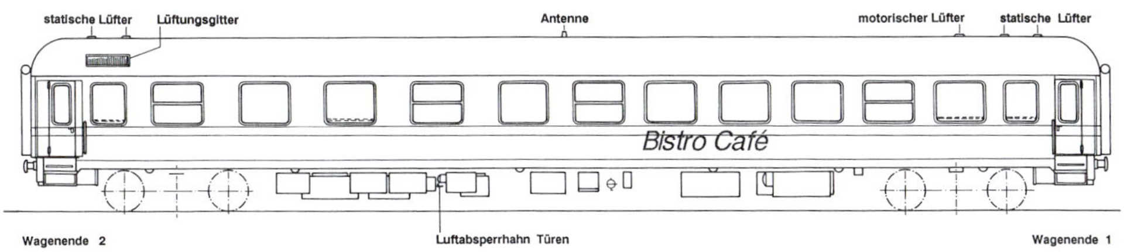

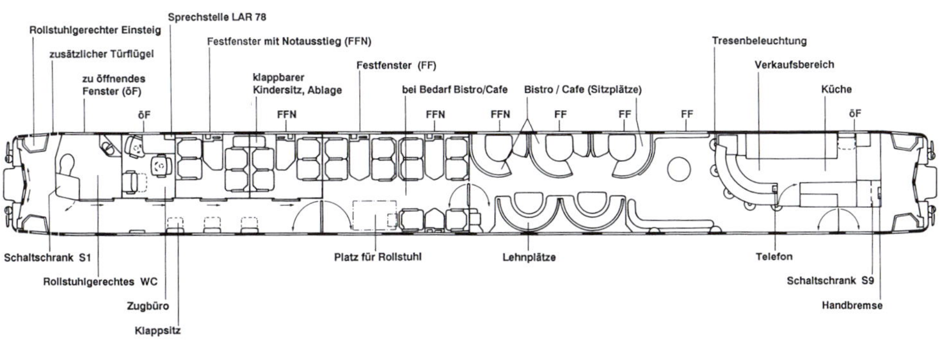

Liegewagen Bauart Bc (Umbau)

Im Jahr 1956 wurde auch in der DDR mit der Wagenklassenreform die dritte Klasse in Reisezügen abgeschafft. Gleichzeitig entschloss sich die Deutsche Reichsbahn der DDR, die Anfang der 1950er Jahre aus alten Vorkriegs-Sitzwagen umgebauten Schlafwagen der Bauart WLC4ü(-50) (siehe Seite 88) in ihrer alten Form nicht mehr einzusetzen, sondern ließ sie in Liegewagen umbauen. Dazu bekamen die Abteile nun jeweils sechs Liegen, die so umgebaut werden konnten, dass tagsüber acht Sitzplätze zur Verfügung standen. Das Gepäck konnte in einer Nische über der Abteiltür und einer Ablage über dem Abteilfenster verstaut werden.

Das Abteil für den Wagenschaffner blieb erhalten. Es war mit einer Liege, einem Sitz, mit Schränken für Wäsche, Kleidung und Wertsachen sowie mit drei Waschbecken und einem Spiegel ausgestattet. Ob beim Umbau die in einigen Schlafwagen vorhandenen Rundfunkabteile ausgebaut wurden, ist leider nicht belegt. Die Wagen wurden beim Umbau mit einer elektrischen Heizung ausgestattet und für eine Höchstgeschwindigkeit von 140 km/h zugelassen. Es zeigte sich jedoch schnell, dass die Laufruhe bei dieser Geschwindigkeit nicht zufriedenstellend war, so dass später nur noch 120 km/h erlaubt waren. Die Faltenbälge an den Stirnübergängen wurden bei einigen Wa-

Technische Daten	
Länge über Puffer	21.270 mm
Höhe	3.933 mm
Breite	2.944 mm
Drehzapfenabstand	14.270 mm
Radsatzstand	17.270 mm
Drehgestellbauart	Görlitz III leicht
Radsatzabstand Drehgestell	3.000 mm
Höchstgeschwindigkeit	140/120 km/h
Sitzplätze	64
Liegeplätze	48
Dienstmasse	40.000 kg
Heizung	Dampf / elektr.
Bremse	Kk-GPR, KE-GPR
Erstes Baujahr	1956
Stückzahl	56

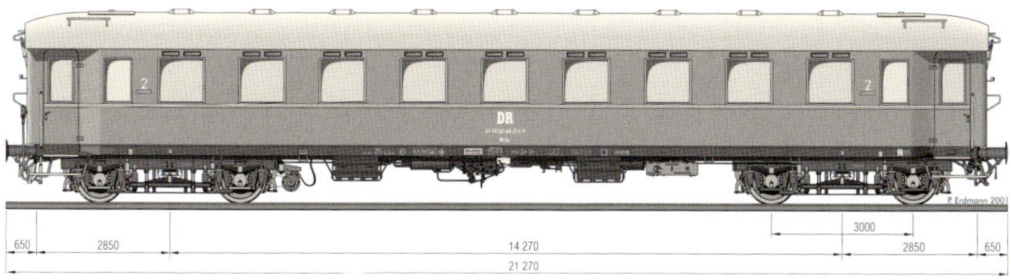

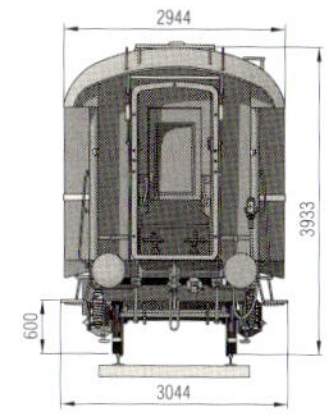

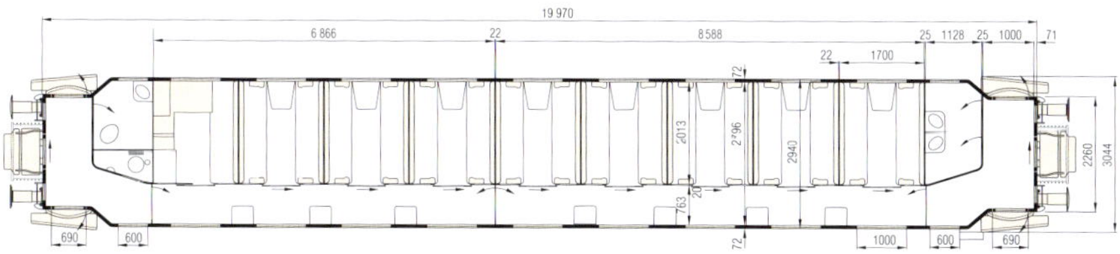

gen gegen Gummiwülste ausgetauscht. Auch wurden bei einigen Wagen die alten Abteilfenster mit Gewichtsausgleich durch neue Kurbelfenster aus DDR-Produktion ersetzt. Die Beleuchtung der Abteile durch Glühlampen blieb erhalten. Sie wurden aus einem Generator mit Riemenantrieb mit elektrischer Energie versorgt.
Weil die Wagen schon als Schlafwagen einen grünen Außenstrich trugen, konnte dieser erhalten bleiben, bzw. musste nur aufgefrischt werden.
Zur Deckung des Liegewagenbedarfs reichten die aus den Schlafwagen umgebauten Liegewagen aber nicht aus, so dass die Reichsbahn weitere Vorkriegs-Sitzwagen der Bauarten C4ü-35 und C4ü-36 in Liegewagen umfunktionierte.
Die Reichsbahn nutze die Wagen unter anderem in Ferienzügen an die Ostsee, in den Harz, den Thüringer Wald und ins Erzgebirge. Aber auch im Ausland waren die Wagen anzutreffen, meist in Richtung Osten aber auch in der Bundesrepublik Deutschland. So kamen die Liegewagen regelmäßig mit Interzonenzügen nach Frankfurt/Main.
Einige Liegewagen wurden in den 1960er Jahren in das große Modernisierungsprogramm der Reichsbahn aufgenommen und in Sitzwagen umgebaut. Dabei bekamen sie einen komplett neuen Aufbau und waren kaum mehr als Vorkriegswagen zu erkennen. Die Übrigen wurden später nur noch als Sitzwagen genutzt. Im August 1971 begann die Ausmusterung dieser Wagen, die bis in den September 1985 dauerte. Einige von ihnen wurden danach noch als Bahndienstwagen genutzt.

Liegewagen Typ B und Typ Y/B

Nach den Umbau-Liegewagen der 1950er Jahre (Seite 82) übernahm die Deutsche Reichsbahn erst Mitte der 1960er Jahre weitere Liegewagen in ihren Bestand. Diesmal handelte es sich aber um Neubauten, welche sich an die zur selben Zeit gebauten Sitzwagen des Typs B anlehnten. Der VEB Waggonbau Bautzen lieferte 1965 die ersten 32 Wagen. Dies reichte jedoch nicht aus, so dass Mitte der 1970er Jahre weitere 60 Exemplare folgten. Inzwischen gab es aber bei den Reisezugwagen bessere technische Lösungen und so standen diesmal die Sitzwagen vom Typ Y/B 70 Pate.

Alle hier vorgestellten Liegewagen liefen auf Drehgestellen der Bauart Görlitz V mit Schraubenfedern. Die Druckluft-Klotzbremse der Bauart KE-GPR mit Einheitswirkung wirkte auf die Laufflächen der Radsätze. Leichtbau-Walzprofile bildeten Lang-, Quer- und Pufferträger, die zu einem Rahmen verschweißt waren. Auch für den Kasten wurden Leichtbauprofile verwendet. Sie waren von außen beblecht. Gummiwülste und zweiflügelige Schiebetüren fanden sich an den Stirnübergängen, welche in die beiden Endvorräume führten. Dort waren auch die Drehfalttüren, welche an den Seiten Zugang zu den Wagen boten. Die Übersetzfenster der Abteile und des Seitengangs besaßen Thermoglasscheiben, welche die Sonneneinstrahlung dämpften.

Zwischen den beiden Endeinstiegsräumen führte ein Seitengang in die geschlossenen Fahrgastabteile und in das Dienstabteil. Die beiden Toiletten und die beiden Waschräume konnten vom Vorraum aus betreten werden. Die Fahrgastabteile boten in neun Abteilen 72 Reisenden einen Sitzplatz oder 54 Reisenden einen Liegeplatz. Die gepolsterten Liegen waren mit Wollplüsch bezogen. Zu ihnen gehörten je zwei Schlafdecken, ein Kopfkissen, ein Betttuch, ein Kopfkissenbezug und ein Deckenbezug. Die unteren Liegen entstanden aus den Rückenlehnen der Sitzbänke. Die mittleren und oberen Liegen waren in Tagesstellung an die Abteiltrennwände geklappt. Im Dienstraum standen eine Liege, ein Klapptisch, Schränke, ein Kühlschrank, ein Spülbecken und ein Propangas-Kocher.

Technische Daten	
Länge über Puffer	24.500 mm
Breite	2.878 mm
Höhe	4.230 mm
Drehzapfenabstand	17.200 mm
Radsatzstand	19.700 mm
Drehgestellbauart	Görlitz V
Radsatzabstand Drehgestell	2.500 mm
Höchstgeschwindigkeit	140 km/h
Sitzplätze, Liegeplätze	72/54
Heizung	
Typ B	Dhz
Typ Y/B	Lhzde
Bremse	KE-GPR
Eigenmasse	40.000 kg
Erstes Baujahr	
Typ B	1965
Typ Y/B	1978
Stückzahl	
Typ B	32
Typ Y/B	60
Gattungsnummer	0060

Die Wagen der ersten Serien erhielten eine Niederdruckumlauf-Dampfheizung und eine elektrische Mehrspannungsheizung. Bei der zweiten Serie wurde eine Zweikanal-Luftheizung eingebaut, die mit Dampf oder elektrisch aus der Zugsammelschiene betrieben werden konnte. Drehstrom-Achsgeneratoren versorgten die übrigen Verbraucher mit elektrischer Energie.
Laufwerk und Untergestell bekamen ab Werk einen schwarzen Anstrich. Seiten- und Stirnwände waren dunkelgrün, das Dach zunächst grau lackiert. Ab 1981 erhielten die Wagen den zweifarbigen Kasten mit hellgrüner Brüstung und beigefarbenem Fensterband, während das Dach nun braun angestrichen war.

Die Liegewagen liefen überwiegend im internationalen Verkehr. Ab 1985 kamen dann die 26,4 m langen Liegewagen der Bauart Bcme zur Reichsbahn und die nur 24,5 m langen Wagen wanderten in untergeordnete, nationale Dienste ab. Fallweise wurden sie dabei nur noch als Sitzwagen genutzt. 1994 waren die Wagen der ersten Serie bereits komplett ausgemustert. Fahrzeuge der zweiten Serien kamen noch zur Deutschen Bahn AG. Dort wurden sie zunächst als Bc 544 eingereiht. Später bezeichnete man sie als Bc 241 und musterte sie bald darauf aus.

Liegewagen Bauart Bcme

Die 24,5 m langen Liegewagen der Typen B und Y/B 70 entsprachen in den 1980er Jahren nicht mehr den Anforderungen, zumal sich international inzwischen die 26,4 m langen Reisezugwagen der Typen X und Z durchgesetzt hatten. Zu diesem Zeitpunkt fertigte das Raw Halberstadt bereits 26,4 m lange Sitzwagen in Serie. Was lag also näher, als aus diesen Fahrzeugen eine Liegewagenbauart abzuleiten. Diesmal bekam aber der VEB Waggonbau Bautzen den Auftrag und lieferte 50 Exemplare, die alle 1985 von der Deutschen Reichsbahn übernommen wurden.

Die Drehgestelle der Bauart Görlitz-Prag GP 200 waren mit ihren Schraubenfedern und der Hochleistungs-Druckluft-Scheibenbremse der Bauart KE-GPR (D) für eine Höchstgeschwindigkeit von 160 km/h vorgesehen. Sie konnten zusätzlich mit einer Magnetschienenbremse ausgestattet werden. Für das Untergestell wurden Leichtstahlprofile verwendet. Sie bildeten einen Rahmen aus Lang- Quer- und Kopfträgern, der mit einem Sickenboden verstärkt war. Der geschweißte, selbsttragende Wagenkasten war in Flächenbauweise als torsionssteife Röhre ausgeführt und von außen beblecht. An den beiden Endeinstiegsräumen befanden sich die Stirnübergänge mit Gummiwülsten und zweiflügeligen Schiebetüren sowie die Drehfalttüren zu den Bahnsteigen hin. Die Übersetzfenster der Abteile und des Seitengangs waren mit wärmereflektierenden Thermoscheiben verglast.

Ein Seitengang zwischen den beiden Endeinstiegsräumen führte zu den zehn Fahrgastabteilen, die mit Schiebtüren verschlossen werden konnten. Zwei stoffbezogene, klappbare Sitzbänke pro Abteil boten acht Personen einen Sitzplatz. Waren die Rückenlehnen heruntergeklappt, konnten sie als Liege genutzt werden. Die mittleren und oberen Liegen waren im Tagebetrieb an die Abteilquerwände geklappt. Im Dienstabteil fand das Personal eine kombinierte Sitz- und Liegekombination, einen Klapptisch, ein Regal mit Schrankfächern, einen Kühlschrank und einen Propangaskocher vor. Ein Geschirrschrank, ein Schrank für Vorräte und ein Spülbecken ergänzten die Ausstattung. Weil das mitgeführte Wasser auch zum Bereiten von Getränken diente, besaß der Vorrats-

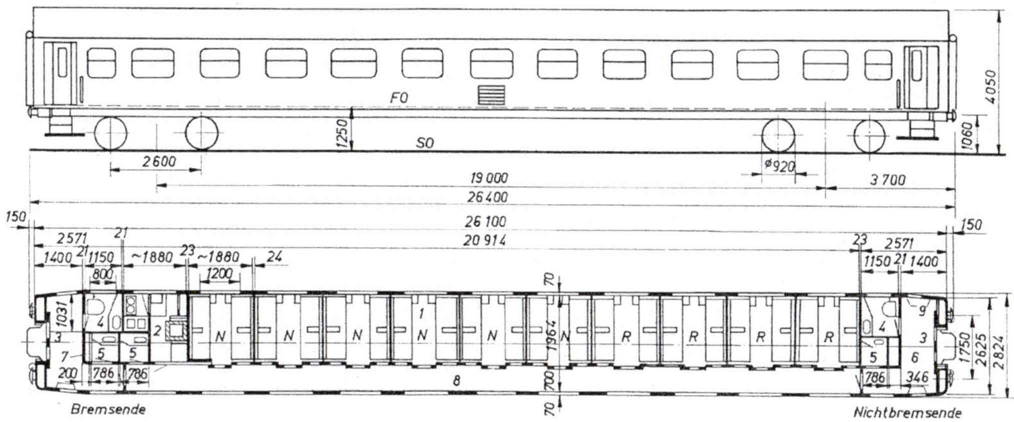

behälter eine Trinkwasserentkeimungsanlage. Eine elektrisch oder mit Dampf betriebene, elektronisch gesteuerte Zweikanal-Luftheizung sorgte für angenehme Temperaturen in den Abteilen. Sie wurde aus der Hauptdampfleitung oder Zugsammelschiene versorgt. Im Sommer konnte die Heizung auch als Belüftung genutzt werden. Die übrigen Verbraucher erhielten ihre Energie aus zwei Drehstrom-Achsgeneratoren, welche zunächst über einen Gleichrichtersatz zwei Batterien speisten und dann den Strom über einen Wechselrichter weiterleiteten.

Die Wagen wurden mit einem zweifarbigen Anstrich geliefert. Dabei waren Laufwerk und Untergestell schwarz. Der Wagenkasten bekam eine grüne Brüstung und ein beigefarbenes Fensterband. Die Bcme gelangten nach ihrer Ablieferung in den internationalen Schnellzugdienst und verdrängten dort die nur 24,5 m langen alten Liegewagen. 1994 wurden sie von der Deutschen Bahn AG übernommen, welche sie nun als Bcom 242 führte. Zunächst war noch geplant, die Wagen aufzuarbeiten. Die Bahn entschied sich dann aber doch für eine Ausmusterung. Viele konnten an private Einsteller verkauft werden.

Technische Daten	
Länge über Puffer	26.400 mm
Breite	2.824 mm
Höhe	4.050 mm
Drehzapfenabstand	19.000 mm
Radsatzstand	21.600 mm
Drehgestellbauart	GP 200
Radsatzabstand Drehgestell	2.600 mm
Höchstgeschwindigkeit	160 km/h
Sitzplätze/Liegeplätze	80/60
Heizung	Lhzde
Bremse	KE-GPR (D)
Eigenmasse	40.500 kg
Baujahr	1985
Stückzahl	50

Schlafwagen Bauart WLC (Umbau)

Nach dem Zweiten Weltkrieg wurden die hochwertigen Schlaf- und Speisewagen der MITROPA von der Sowjetischen Militäradministration (SMAD) beschlagnahmt und für die Beförderung hoher Militärs eingesetzt. In zivilen Zügen waren diese Wagen so gut wie gar nicht anzutreffen. Dies änderte sich erst 1949, als die SMAD die Wagen an die neugegründete Deutsche Reichsbahn zurückgab. Zudem sollte die Reichsbahn auch die Schlafwagen in den Militärzügen stellen. Dazu reichten aber die vorhandenen Fahrzeuge nicht aus und der Bestand musste schnell aufgestockt werden. Deshalb entschied sich die Reichsbahn nicht für einen zeitaufwendigen Neubau, sondern zum Umbau vorhandener Vorkriegs-Schnellzugwagen der Bauart C4ü-36. Der VEB Waggonbau Görlitz fertigte daraufhin 22 relativ einfache Schlafwagen 3. Klasse. Weitere fünf folgten aus dem VEB Waggonbau Bautzen.

Beim Umbau blieb die Technik der Wagen weitgehend unverändert. Nur der Innenraum wurde komplett neu aufgebaut. Das Laufwerk gehört zur Bauart Görlitz III leicht mit Gleitlagerradsätzen und Blatttragfedern. Die mehrlösige, selbsttätige Einkammer-Druckluftbremse, Bauart Kunze-Knorr für Schnellzüge Kksbr, erlaubte eine Höchstgeschwindigkeit von 120 bzw. 140 km/h. Der geschweißte Rah-

Technische Daten	
Länge über Puffer	21.270 mm
Höhe	3.933 mm
Breite	2.944 mm
Drehzapfenabstand	14.270 mm
Radsatzstand	17.270 mm
Drehgestellbauart	Görlitz III leicht
Radsatzabstand Drehgestell	3.000 mm
Höchstgeschwindigkeit	120/140 km/h
Schlafplätze	32 der 28
Dienstmasse	39.000 kg
Heizung	Dampf
Bremse	Kksbr
Erstes Baujahr	1950
Stückzahl	27

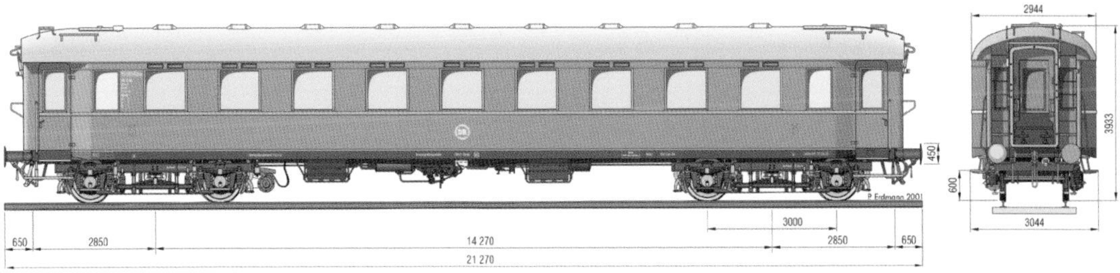

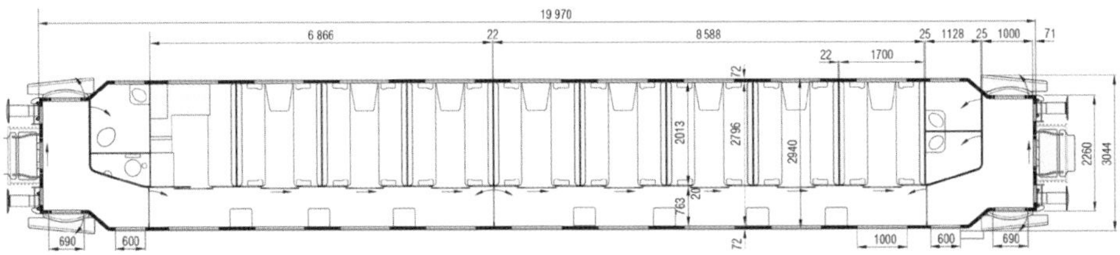

men bestand aus den beiden äußeren Langträgern und den beiden Kopfstücken. Diese Bauteile waren mit den mittleren Lang- und Querträgern versteift. Von außen beblechte Stahlprofile verwendete man für den Wagenkasten. Er war wie das Dach an den Enden etwa 200 mm über die Stirnwände hinaus verlängert, um die Lücke zwischen zwei Wagen zu verkleinern. Der Stirnübergang wurde durch einfache Schiebetüren und Faltenbälge gesichert. An den Enden besaßen die Wagen Einstiegsräume mit eingezogenen Drehtüren. Die originalen Fallfenster blieben zunächst erhalten, später wurden sie durch Fenster ersetzt, deren oberer Teil nach innen geklappt werden konnte.

Die Wagen hatten an jedem Ende einen Einstiegsraum mit Toilette. Beide waren über einen Seitengang miteinander verbunden. Über diesen Gang gelangten die Fahrgäste in die acht geschlossenen Schlafabteile. Das neunte Abteil war das Dienstabteil für den Schaffner. In den Wagen 19 900, 19 910 und 19 920 gab es ein Rundfunkabteil. Hier standen nur sieben Schlafabteile zu Verfügung. In den Schlafabteilen befanden sich vier gepolsterte Liegen. Die beiden unteren dienten in Tagstellung als Sitzbänke, die beiden oberen als Rückenlehnen. Eine Leiter, ein Fenstertisch mit Tischlämpchen, Aschenbecher, Abfallbehälter und Gepäcknetze ergänzten die Ausstattung. Das Abteil für den Schaffner umfasste einen Herd, Schränke und eine Liege.

Eine Niederdruck-Umlaufdampfheizung sorgte für angenehme Temperaturen. Bei ihrer Ablieferung hatten die Wagen einen dunkelgrünen Anstrich. Untergestelle und Drehgestelle waren schwarz, das Dach dunkelgrau. Helle Absetzstreifen hoben die Wagen von den Sitzwagen ab. In der Mitte besaßen die Wagen das neue runde Eigentumsemblem der Deutschen Reichsbahn.

Die 27 Schlafwagen wurden zunächst in Berlin-Rummelsburg stationiert und bevorzugt nach Brest eingesetzt. Der Einsatz endete aber bereits 1956 wieder und die Wagen wurden zunächst abgestellt. Die Reichsbahn wollte aber noch nicht auf sie verzichten und baute sie in Liegewagen um.

Schlafwagen Bauart WL (Bautzen)

Nach dem Zweiten Weltkrieg hatte die MITROPA in der sowjetisch besetzten Zone Schlafwagen zahlreicher unterschiedlicher Bauarten, darunter auch Wagen von der ISG bzw. der CIWL, in ihrem Bestand. Dies bedeutete einen hohen Aufwand bei der Unterhaltung der Fahrzeuge. Deshalb entschloss sie sich, den Fahrzeugpark zu vereinheitlichen und neue Wagen zu beschaffen. Weil Ende der 1940er Jahre aber noch keine neuen Baugrundsätze für Reisezugwagen aufgestellt worden waren, lehnte man sich bei der Konstruktion der neuen Fahrzeuge an die Vorkriegs-Schürzenwagen an. Den 36 Wagen umfassenden Auftrag erhielt der VEB Waggonbau Bautzen. Bautzen fertigte unter Zuhilfenahme alter, restaurierter Drehgestelle die kompletten Rohbauten. Während der VEB Waggonbau Görlitz die Rohbauten zu Schlafwagen der 1. und 2. Klasse vervollständigte, entstanden aus den Rohbauten im VEB Waggonbau Bautzen die Wagen der 3. Klasse.

Für die Laufwerke wurden Drehgestelle der Bauart Görlitz III leicht in Sonderbauart verwendet. Sie besaßen sowohl Blatt- als auch Schraubenfedern. Die Druckluftbremse gehörte zur Bauart Hildebrandt-Knorr Bauart Hik-P für Reisezüge. Das geschweißte Untergestell bestand aus stählernen Lang-, Quer- und Pufferträgern. Aggregate unter dem Wagenboden wurden durch Seitenschürzen verdeckt. Der Wagenkasten war ebenfalls eine geschweißte Stahlkonstruktion. Wie bei den Schürzenwagen waren die Seitenwände über die Stirnwände hinaus verlängert, um so den Zwischenraum zwischen zwei Wagen zu verringern und die Aerodynamik zu verbessern. Die Stirnübergänge wurden noch durch Faltenbälge und einflügelige Schiebetüren gesichert. Sie führten ebenso wie die seitlichen Einstiegstüren in die beiden Endvorräume. Für die Einstiegstüren wurden einfache Drehtüren verwendet. Die Konstruktion der Fallfenster in den Abteilen und im Seitengang wurde ebenfalls von den alten Schürzenwagen übernommen. Fenster und Türen lagen bündig in den Seitenwänden.

Die 1./2. Klasse-Wagen besaßen acht geschlossene Abteile mit je zwei Sitz- und Liegeplätzen. In den 3. Klasse-Wagen gab es sieben Abteile mit je vier Sitz- und Liegeplätzen. In beiden Bauarten war ein Dienstabteil vorhanden. Außerdem war in einigen Wagen der 3. Klasse auf Kosten eines Schlafabteils ein Zugfunkabteil eingebaut. Die Abteile waren über einen Seitengang mit den Toiletten in den Vorräumen

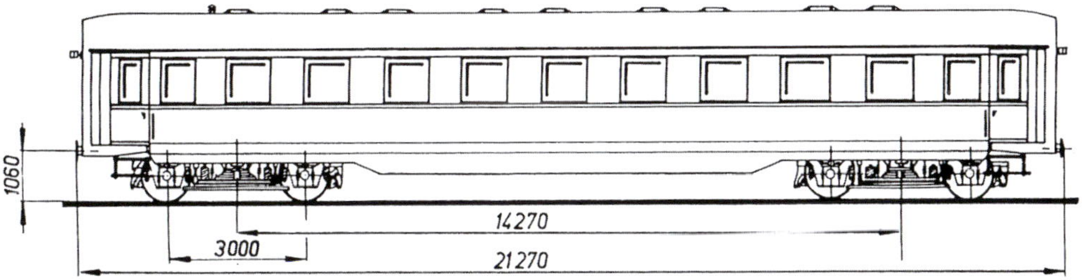

verbunden. In den 1./2. Klasse-Wagen sorgten stoffbezogene Sitz- und Liegeplätze für ein entsprechendes Wohlbefinden. Außerdem gab es hier noch ein Waschbecken, einen Wandschrank, einen Klapptisch mit Hocker und Spiegel. Je zwei Abteile konnten durch eine einflügelige Schiebetür miteinander verbunden werden.

Die Warmwasserheizung erhielt ihre Wärme über die Hauptdampfleitung aus der Lokomotive. Der Heizkessel war in einem eigenen Heizraum untergebracht. Lüfter auf dem Wagendach sorgten für einen Luftaustausch zwischen den Schlafräumen und der Umgebung. Zwei Drehstromgeneratoren an den Drehgestellen lieferten die nötige Energie.

Am Anfang besaßen die Wagen einen flaschengrünen Kasten. Laufwerke, Seitenschürzen und Langträger waren schwarz, das Dach grau lackiert. Absetzstreifen lockerten die Lackierung auf. In der Wagenmitte war zunächst das runde DR-Emblem angebracht. Nach der Übernahme durch die MITROPA wurden die 1./2. Klasse-Wagen rot lackiert und erhielten gelbe Streifen und Aufschriften.

Nach ihrer Ablieferung wurden die Wagen zunächst von der sowjetischen Besatzungsmacht zwischen Berlin und Brest eingesetzt. Später kamen sie zur MITROPA und liefen meist in nationalen Schnellzügen. Die Wagen der 3. Klasse wurden später in Liegewagen umgebaut und behielten deshalb ihren grünen Anstrich. In den 1970er Jahren wurden die Wagen dann aus dem Betrieb genommen, weil genügend modernere Fahrzeuge zur Verfügung standen.

Technische Daten	
Länge über Puffer	21.270 mm
Breite	2.948 mm
Höhe	3.391 mm
Drehzapfenabstand	14.270 mm
Radsatzstand	17.270 mm
Drehgestellbauart	Görlitz III leicht
Radsatzabstand Drehgestell	3.000 mm
Höchstgeschwindigkeit	120 km/h
Schlafplätze	
WLAB	16
WLC	28
Heizung	Whzd
Bremse	Hik-P
Eigenmasse	40.000 kg
Erstes Baujahr	1951
Stückzahl	
WLAB4ül	8
WLC4ül	28

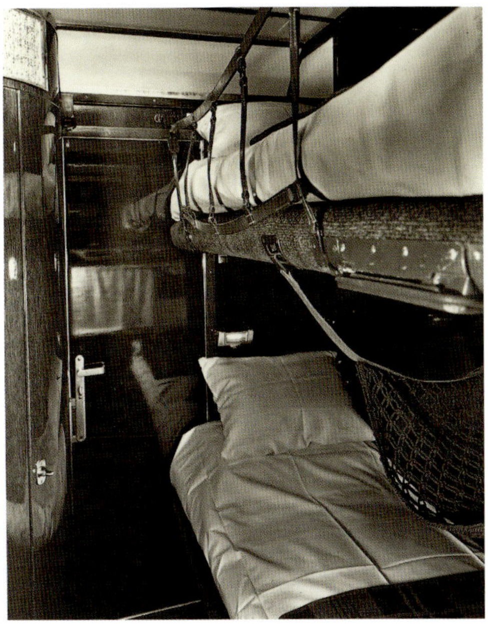

Schlafwagen Bauart WLAB (Görlitz)

Bis zum Beginn der 1960er Jahre nahmen die Deutsche Reichsbahn bzw. die MITROPA nur wenige neu- und umgebaute Schlaf- bzw. Liegewagen in ihren Fahrzeugpark auf. Dies reichte bei weitem nicht aus, den Bedarf zu decken und alte Wagen zu ersetzen. Deshalb erhielt der VEB Waggonbau Görlitz in dieser Zeit den Auftrag zur Entwicklung und zum Bau moderner Schlafwagen. Gleichzeitig hatten die UIC und die OSShD bereits ihre Richtlinien mit den Eckdaten für international einsatzfähige Reisezugwagen verabschiedet. Die Bahn entschied sich deshalb für 24,5 m lange Wagen analog dem Typ B der OSShD.

Ab 1962 lieferte der VEB Waggonbau Görlitz die ersten 25 Exemplare. 24 waren für den normalen Einsatz vorgesehen, einer wurde als Schlaf-Gepäckwagen für den Touristenexpress ausgeführt. Acht weitere Schlafwagen wurden ebenfalls für den Touristenexpress vorgesehen. Die Schlafwagen vom Typ B bewährten sich gut, waren aber wegen ihrer Bauform nur bedingt international einsetzbar. Um diesen Mangel abzustellen, beschaffte die Reichsbahn 1967 eine weitere Bauserie. Diese zehn Wagen basierten aber auf dem Typ Y, hatten leicht eingezogene Wagenenden und konnten international freizügig eingesetzt werden. 1970 und 1978 folgten zwei weitere Bauserien, welche auf den Typ Y aufbauten, so dass der MITROPA schließlich 24+9 Wagen vom Typ B und 63 Exemplare vom Typ Y zur Verfügung standen. Die Produktion der Schlafwagen teilten sich der VEB Waggonbau Görlitz und der VEB Waggonbau Bautzen.

Alle Bauserien liefen auf den gleichen achshalterlosen Drehgestellen der Bauart Görlitz V mit Schraubenfedern. Mit ihrem Radsatzstand von 2.500 mm waren sie für eine Höchstgeschwindigkeit von 140 km/h ausgelegt. Die automatische Druckluftbremse gehörte zur Bauart KE-GPR mit Bremsdruck- und Gleitschutzregler. Längs- und Querträger aus Stahlleichtbau-Walzprofilen bildeten das Untergestell. Dabei wurden die Hauptquerträger so konzipiert, dass die Wagen auch mit Drehgestellen der Bauart Görlitz VI fahren konnten. Der Wagenkasten bestand aus Untergestell, Stirnwänden, Seitenwänden sowie Dach und war in Flächenbauweise aus Leichtprofilen als torsionssteife Röhre hergestellt. Gummiwülste und zweiflügelige Schiebetüren bildeten die Stirnübergänge. Drehfalttüren mit festen Trittstufen an den Enden der Seitenwände führten in die Schlafwagen. Abteil- und Seitengangfenster ließen

sich öffnen. Sie besaßen Doppelscheiben aus Sicherheitsglas. Das WC-Fenster war ein weiß hinterlegtes Klappfenster.
Der Innenraum beherbergte zehn Schlafabteile und ein Dienstabteil. Die Abteile waren über einen Seitengang mit den Endeinstiegsräumen und den beiden Toiletten verbunden. Je nach Bedarf ließen sich die Schlafabteile als 1. Klasse-Abteile mit einem oder zwei Reisenden bzw. als 2. Klasse-Abteile mit drei Reisenden belegen. Bei den Wagen der ersten drei Bauserien gab es zwischen den Abteilen eine Faltwand. Sie konnte geöffnet werden, um zwei Abteile zu einem Großraumabteil zusammenzufassen. Bei den ab 1978 gebauten Wagen war diese Wand unbeweglich, so dass keine Doppelabteile mehr gebildet werden konnten. Wurden nur zwei Betten in einem Abteil benötigt, blieb das oberste Bett ungenutzt in Tagesstellung. Das mittlere Bett wurde dann etwas nach oben verschoben, damit mehr Platz über dem unteren Bett zur Verfügung stand. Im Tageseinsatz waren die Betten an die Abteilwand geklappt. Die Reisenden konnten dann in den Wagen der ersten drei Bauserien auf drei verstellbaren Sitzen Platz nehmen. In den Wagen der letzten Serie standen den Reisenden für die Tagfahrt nur noch nicht verstellbare, durchgehende Sitzbänke zur Verfügung.
Jedes Abteil besaß einen eigenen, abdeckbaren Waschtisch mit Schrank. Außerdem gab es in jedem Abteil einen Schaffnerrufknopf. Im Dienstraum standen dem Schaffner eine Liegegelegenheit, ein Schreibplatz mit Sitz, eine kleine Kochplatte, ein Propangasherd, ein Spülbecken, ein Handwaschbecken und ein Kühl-

Technische Daten	
Länge über Puffer	24.500 mm
Breite	
Typ B	2.863 mm
Typ Y	2.883 mm
Höhe	4.230 mm
Drehzapfenabstand	17.200 mm
Radsatzstand	19.700 mm
Drehgestellbauart	Görlitz V
Radsatzabstand Drehgestell	2.500 mm
Höchstgeschwindigkeit	
Typ B	120 km/h
Typ Y	140 km/h
Anzahl der Schlafplätze	30
Anzahl der Sitzplätze	30
Heizung	
Typ B	Whzdö
Typ Y	Whzdeö*
Bremse	KE-GPR
Eigenmasse	
Typ B	42.500 kg
Typ Y	44.000 kg
Erstes Baujahr	
Typ B, 1. Serie	1962
Typ Y, 2. Serie	1967
Typ Y, 3. Serie	1970
Typ Y, 4. Serie	1978
Stückzahl	
Typ B	24
Typ Y	65
Gattungsnummer	
Baujahr 1962	0059
Baujahr 1967	2523
Baujahr 1970	2524

* 2. Serie nur Whzd

schrank zur Verfügung. Außerdem waren hier die Schränke für Vorräte und Bettwäsche untergebracht. Die Wagen hatten getrennte Warm-, Kalt- und Trinkwasservorräte, die in separaten Tanks mitgeführt wurden.

Die Flüssigkeitsheizung mit ihrem Unterflurwärmetauscher konnte wahlweise aus der Hauptdampfleitung oder elektrisch betrieben werden. Stand beides nicht zur Verfügung, sorgte eine autarke Ölheizung für Wärme. Eine Druckbelüftungsanlage mit automatischer Regeleinrichtung für Sommer- und Winterbetrieb beförderte Frischluft ins Wageninnere. Die elektrische Energie wurde von zwei Gleichstrom-Achsgeneratoren geliefert. Alternativ konnten die Wagen auch an das Ortsnetz angeschlossen werden.

Die ersten Wagen wurden ab Werk mit rotem Kasten und gelben Zierstreifen bzw. Aufschriften geliefert. Das Dach war grau, Laufwerk und Untergestell schwarz gestrichen. Bei der letzten Bauserie wurde auf die schwarzen Langträger und die Zierstreifen verzichtet. Die Dächer dieser Wagen lackierte man braun. Bei den Wagen des Touristenexpress waren die Wagenkästen hellblau, die Längsträger schwarz gestrichen. Später wurden deren Kästen ebenfalls rot lackiert.

Die Wagen gelangten gleich nach ihrer Abnahme in den internationalen und nationalen Dienst. Ab 1991 wurden im Raw Gotha acht Wagen grundlegend aufgearbeitet. Sie bekamen dabei u.a. Drehgestelle der Bauart GP 200 – teilweise mit Magnetschienenbremse – mit denen die Wagen bis zu 160 km/h schnell fahren durften. 1994 gelangten noch zahlreiche Wagen zur Deutschen Bahn AG und wurden als WALB 176 (modernisierte Wagen), WLAB 177 (Bauserie von 1978) und WLAB 178 (Bauserie von 1970) bezeichnet. Ältere Wagen wurden nicht mehr übernommen.

MITROPA
MITROPA

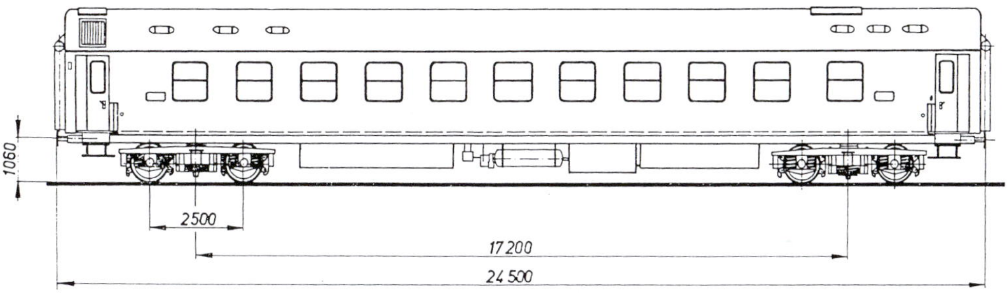
1060
2500
17200
24 500

MITROPA
MITROPA

Schlafwagen Prototyp Bauart WLAB (Bautzen)

Auf der Leipziger Frühjahrsmesse 1980 präsentierte der VEB Waggonbau Göritz einen neuen Schlafwagen, welcher auf den UIC-Typ X mit einer Länge von 26.400 mm aufbaute. Er konnte von Normal- auf Breitspur umgespurt werden und somit problemlos in die Sowjetunion fahren. Die Reichsbahn führte das Fahrzeug als Privatwagen in ihrem Bestand und unternahm zahlreiche Probefahrten mit dem Schlafwagen. Darunter waren auch Schnellfahrten mit einer Höchstgeschwindigkeit von 200 km/h auf dem Versuchsring der ČSD in Prag. Nach dem Ende der Untersuchungen wurde der Wagen zunächst abgestellt und später als Meßbeiwagen in Görlitz-Schlauroth genutz. Seine endgültige Ausmusterung erfolgte in der zweiten Hälfte der 1990er Jahre. Der Sonderling blieb als Museumstückerhalten und bekam später wieder seinen braunen Anstrich zurück.

Der Wagen hatte Drehgestelle der Bauart GP 200 mit Schraubenfedern und Vollradsätzen. Die Scheiben-Klotz-Druckluftbremse der Bauart KE-GPR-Mg (D) war zusätzlich mit einer Magnetschienenbremse ausgestattet. Die Feststellbremse wirkte auf ein Drehgestell.

Das geschweißte Untergestell wurde aus hochfestem Stahl gefertigt. Auch der Kasten bildete eine geschweißte Leichtbaukonstruktion. Drehfalttüren gab es nur an einem Ende. Sie bekamen eine elektropneumatische Türschließ- und Blockiereinrichtung.

Im Inneren befanden sich elf Schlafabteile, zwei Toiletten, ein Duschraum und ein Begleiterabteil mit Abstellraum. Alle Räume waren über einen Seitengang zu erreichen. Die Schlafabteile konnten als Ein-, Zwei- oder Dreibettabteile verkauft werden. Ferner war es möglich, acht Abteile zu vier Doppelabteilen zu verbinden. Am Tag konnten die Reisenden in gepolsterten Sitzen Platz nehmen.

Eine Klimaanlage mit Luft als Energieträger sorgte für eine ausreichende Belüftung. Die Luft ließ sich wahlweise in einem elektrischen oder einem mit einem Ölheizgerät betriebe-

Technische Daten	
Länge über Puffer	26.400 mm
Breite	2.824 mm
Höhe	4.230 mm
Drehzapfenabstand	19.000 mm
Radsatzstand	21.600 mm
Drehgestellbauart	GP 200
Radsatzabstand Drehgestell	2.600 mm
Höchstgeschwindigkeit	200 km/h
Anzahl der Betten	33
Heizung	Klimadeö
Bremse	KE-GPR-Mg (D)
Eigenmasse	52.000 kg
Baujahr	1979
Stückzahl	1

nen Wärmetauscher erwärmen. Die elektrische Energie erhielt der Wagen aus der Zugsammelschiene. Leuchtstofflampen mit Vorschaltgeräten erhellten die Innenräume. Die Schalt- und Überwachungseinrichtungen waren in einem Schaltschrank am Wagenende zusammengefasst.

Das Laufwerk war schwarz lackiert. Langträger und Wagenkasten erhielten zunächst einen ockerfarbenen Anstrich, der durch ein braunes Fensterband unterbrochen war. Das Dach erglänzte hellbeige, die beiden Einstiegstüren waren weiß. 1989 wurde der Wagen neu lackiert. Das Laufwerk blieb schwarz. Langträger, Brüstung und Dach strich man nun weiß, das Fensterband dunkelblau. Über zwei Abteilen waren die Farben vertauscht.

Der Wagen kam nie in den regulären Einsatz. Nach den Vorstellungs- und Messfahrten wurde er von der Reichsbahn als Messbeiwagen eingesetzt und Ende der 1990er Jahre ausgemustert.

Doppelstock-Maschinenwagen Bauart DGR

Weil sich die ab Mitte der 1950er Jahre gebauten fünfteiligen Gliederzüge nicht selbst komplett mit elektrischer Energie versorgen konnten, ließ die Deutsche Reichsbahn einen zu diesen Wagen passenden Maschinenwagen bauen. Zudem waren die für den Fernverkehr vorgesehenen Gliederzüge als reine Sitzwagen ausgeführt, so dass die Fahrgäste keine Möglichkeit hatten, sich während der langen Fahrten mit Proviant einzudecken. Um auch dieses Manko zu beseitigen, erhielten die hier vorgestellten Wagen einen Wirtschaftsbereich mit zwei Ausgabetheken. Die Wagen wurden in der Regel zwischen zwei fünfteilige Gliederzüge eingereiht, um diese zu versorgen. Der erste Wagen wurde 1958 vom VEB Waggonbau Görlitz gefertigt, weitere vier folgten 1960.

Die Wagen liefen auf achshalterlosen Drehgestellen der Bauart Görlitz 0931 mit Schraubenfedern. Sie ermöglichten zusammen mit der Hildebrandt-Knorr-Druckluftbremse der Bauart Hik-P-A eine Höchstgeschwindigkeit von 120 km/h. Damit Reisende während der Fahrt aus den Gliederzügen zum Büfett gelangen können, erhielten die Wagen die gleichen, hoch liegenden Stirnübergänge wie die Sitzwagen. Sie wurden durch Gummiwülste und zweiteilige Schiebetüren gesichert. Die Wagen besaßen keine Einstiegstüren für Reisende. Am linken Ende befand sich eine hohe Ladeluke mit einer zweiflügeligen Drehtür in der Seitenwand. Zweiflügelige Schiebetüren im Unterstock führten in den Maschinenraum. Dazu gab es noch kleinere Luken u.a. für die Batterien und zu den Vorratsräumen.

Der komplette Oberstock war als Wirtschaftsraum ausgeführt, an dem ein Seitengang vorbeiführt. Im Wirtschaftsraum befanden sich Schränke, Arbeitsflächen und Anrichten. Herde und Kühlschränke ergänzten die Ausstattung. An den Enden des Wirtschaftsraums konnten sich die Fahrgäste die Speisen und Getränke abholen. Außerdem gab es im Oberstock noch eine Toilette und einen Kleiderschrank. Bei den ersten Wagen befanden sich hier noch 16 Sitzplätze für Gäste. Für die große Anzahl von Fahrgästen im Gliederzug waren diese 16 Sitzplätze aber bei weitem nicht ausreichend und zudem

ging dafür Fläche in der Küche verloren. Bei den später gebauten Wagen verzichtete man deshalb auf diese Plätze und vergrößerte die Küche. Ober- und Unterstock waren über eine Leiter und einen Speisenaufzug miteinander verbunden.

Der Unterstock gliederte sich in zwei Vorratsräume an den Wagenenden. Einer von ihnen wurde gekühlt, der andere nicht. Dazwischen befand sich ein Maschinenraum mit einem Dieselmotor und einem angeflanschten Generator. Er versorgte u.a. die Kühlaggregate des einen Vorratsraums. Durch einen Vorraum davon getrennt, lagen hier ein Zugfunkraum und ein Abteil für den Maschinisten. Vom Zugfunkabteil aus konnte der ganze Zug mit Musik oder Informationen versorgt werden. Im Dienstabteil waren die Überwachungs- und Regeleinrichtungen für den Maschinenraum und den Kühlraum zu finden. In beiden Abteilen gab es Schränke, Sitz- und Schreibgelegenheiten. Die Wagen konnten aus der Hauptdampfleitung oder elektrisch beheizt werden. Riemengetriebene Achsgeneratoren lieferten die benötigte Energie.

Damit die Maschinenwagen zu den fünfteiligen Gliederzügen passten, erhielten sie den gleichen Anstrich mit schwarzem Laufwerk, grünem Kasten und grauem Dach. In der Mitte der Seitenwände prangte in großen Lettern »DEUTSCHE REICHSBAHN«. Die Wagen wurden in der zweiten Hälfte der 1970er Jahre ausgemustert. Nicht alle wurden verschrottet, sondern einige von ihnen als stationäre Kantinen oder Aufenthaltswagen weitergenutzt.

Technische Daten	
Länge über Puffer	20.800 mm
Breite	2.870 mm
Höhe	4.650 mm
Drehzapfenabstand	15.000 mm
Radsatzstand	17.500 mm
Drehgestellbauart	Görlitz 0931
Radsatzabstand Drehgestell	2.500 mm
Höchstgeschwindigkeit	120 km/h
Heizung	Dhz, Nuhz
Bremse	Hik-P-A
Eigenmasse	45.000 kg
Erstes Baujahr	1958
Stückzahl	5
Gattungsnummer	0017

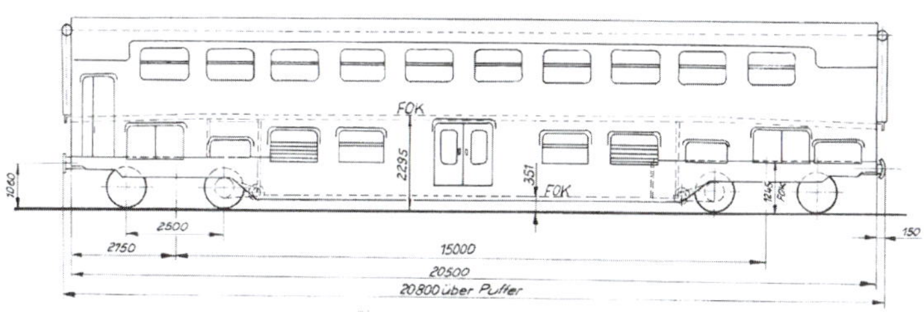

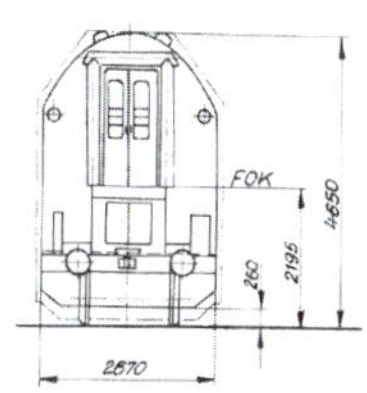

»Tourex«-Wagen

Wie in anderen Ländern stieg auch in der DDR die Zahl der Urlauber und Touristen in den 1950er und 1960er Jahren stark an. Zwar gab es hier ebenfalls die Konkurrenz durch Auto und Flugzeug, doch sie war lang nicht so groß wie im Westen. Die DDR hatte ein großes Interesse, die Entwicklung des Tourismus zu beeinflussen und für ihre Zwecke zu nutzen. So setzte sich der Bundesvorstand des Freien Deutschen Gewerkschaftsbunds (FDGB) dafür ein, mehrtägige Urlaubsaufenthalte auf der Schiene anzubieten. Die Reichsbahn unterstützte das Vorhaben und arbeitete die Pläne aus. Der »Touristenexpress der Jugend« sollte die Urlauber nicht nur ans Ziel bringen, sondern als rollendes Hotel dienen. Einerseits wurden dafür Wagen benötigt, in denen die Reisenden wohnen und verpflegt werden konnten, andererseits sollte es in den Zügen nicht an kulturellen Angeboten fehlen. Außerdem mussten das Gepäck und die Vorräte verstaut werden können. Bau und Betreuung des Zugs wurde zum »Jugendobjekt der FDJ«. Gebaut wurden die Wagen beim VEB Waggonbau Görlitz.

Der Zug bestand aus acht Schlaf- und zwei Speisewagen sowie je einem Kultur- und Aufenthaltswagen, einem Versorgungswagen und einem kombinierten Gepäck- und Schlafwagen.

Im Kultur- und Aufenthaltswagen befanden sich drei Salons mit bequemen Sesseln. Den Fahrgästen standen hier Unterhaltungsspiele und Bücher zur Verfügung. Aus dem Übertragungsabteil wurden Unterhaltungsprogramme und Durchsagen in den gesamten Zug weitergeleitet. Informationen von außen wurden durch die Funkanlage in den Zug übertragen.

Weil die Reisen bis zu drei Wochen dauerten und Vorräte für bis zu 240 Reisende gebraucht wurden, führte der Zug einen Versorgungswagen mit. Neben großen Vorratsräumen befand sich hier ein Aufenthaltsraum für das Personal.

Im kombinierten Schlaf- und Gepäckwagen waren zwei Sanitätsabteile eingerichtet. In den übrigen Abteilen wohnten das MITROPA-Personal, Reiseleiter und Wagenmeister.

Durch ihren hellblauen Anstrich fielen die Wagen aus dem sonst üblichen Schema der grünen Reichsbahnwagen. Unterhalb der Fenster besaßen sie gelbe Zierstreifen. Die beiden Endwagen zierte die Aufschrift »Touristenexpress«. In der Mitte dieser Wagen waren zwischen den Fenstern FDJ-Embleme angebracht, die aber wegen der internationalen Kennzeichnungs-

Technische Daten	
Länge über Puffer	24.500 mm
Breite	
Sdrm	2.863 mm
WLABDm	2.883 mm
Höhe	4.230 mm
Drehzapfenabstand	17.200 mm
Radsatzstand	19.700 mm
Drehgestellbauart	Görlitz V
Radsatzabstand Drehgestell	2.500 mm
Höchstgeschwindigkeit	140 km/h
Heizung	Whz
Bremse	KE-GPR
Eigenmasse	
Sdrm	40.500 kg
WLABDm	38.900 kg
Erstes Baujahr	1962
Gattungsnummer	
Sdrm (Vorratswagen	2000
Sdrm (Gesellschaftswg)	2001
Schlaf-Packwagen	2552

pflicht schon bald gegen DR-Embleme ausgetauscht werden mussten. Anfang der 1970er Jahre löste der für Speise- und Schlafwagen übliche Anstrich mit rotem Kasten die exklusive hellblaue Lackierung ab.

Der Zug wurde im Frühjahr 1963 fertig und im Rahmen einer Feier an die DR übergeben. Seine erste Fahrt brachte ihn im März 1963 in das tschechoslowakische Karlovy Vary (Karlsbad). Der reguläre Einsatz begann zum Sommerfahrplan 1963 zwischen Dresden und Varna an der bulgarischen Schwarzmeerküste. Die Fahrten in Richtung Varna starteten am Freitagnachmittag in Dresden. Das Ziel wurde am frühen Sonntagmorgen erreicht. Zurück ging es jeweils am Sonntagabend, am Mittwochmittag war der Zug wieder zurück in Dresden. Zwischen 1972 und 1979 reihte man Autotransportwagen in den Tourex ein und so konnten einige Fahrgäste ihre privaten Pkw mitnehmen. Wurde der Zug nicht für die Fahrten nach Varna benötigt, setzte ihn das Reisebüro der DDR ein.

Seine letzte Fahrt unternahm der Tourex am 4. Oktober 1989. Nach dem Ende des Planeinsatzes wurden die Wagen in alle Winde zerstreut. Einige von ihnen sind noch erhalten.

Regierungszug, MfV-, NVA-Wagen

Außer mit der Beförderung von Reisenden und Gütern wurde die Deutsche Reichsbahn auch mit der Gestellung von Wagen für staatliche Einrichtungen betraut. Dafür wurden zunächst alte Reisezugwagen aus dem Betrieb abgezogen und in dem Bedarf angepasste Sonderwagen umgebaut. Dies war aber auf Dauer keine befriedigende Lösung, so dass die Regierung Mitte der 1960er Jahre die Beschaffung neuer, speziell für die Sondereinsätze zugeschnittener Fahrzeuge beschloss. Dazu wurden drei Sonderzüge mit insgesamt 59 Wagen gefertigt. Es gab einen Zug für die Regierung mit 29 Wagen, einen Zug für das Ministerium für Verkehr (MfV) mit sechs Wagen und einen Zug für die Nationale Volksarmee (NVA) mit 24 Wagen. Den Baujahren 1966 bis 1969 entsprechend gehörten die Wagen zu den OSShD-Typen und wiesen eine Länge von 24,5 m auf. Es gab aber auch einige Fahrzeuge, welche zu den Modernisierungs- bzw. Reko-Wagen gehörten. Ferner erfolgten Nachlieferungen in den 1980er Jahren. Diese Wagen waren 26,4 m lang und gehörten zum Typ Z.

Weil eine ausführliche Beschreibung aller Sonderwagen den Rahmen dieses Buches überschreiten würde, werden hier nur die Wagen des Regierungszugs vorgestellt. Der Salonwagen und der Beiwagen für den damaligen Parteichef Walter Ulbricht entstanden 1966 im Raw Delitzsch durch den Umbau von zwei Sitzwagen des Typs B. Beide wurden bis auf den Rohbau entkernt und entsprechend den Forderungen neu eingerichtet. Auch ein Spurwechsel auf 1.524 mm war vorgesehen. Beim Umbau bekam der Salonwagen ein Dienstabteil, zwei Abteile mit Sonderkomfort, drei normale Abteile, eine Toilette und ein Waschraum mit Dusche und Toilette. Eine kleine Küche stand ebenfalls zur Verfügung. Am Handbremsende befand sich der Salonraum mit zehn Polstersesseln und einem großen Tisch. Der Salonbeiwagen erhielt einen Arbeitsraum, fünf Zweibettabteile sowie ein Abteil für Begleiter.

Der Bau der neuen Wagen erfolgte ab 1969 in den Waggonbaubetrieben unter strengster Geheimhaltung. Die Fertigungsstände wurden eingezäunt und mit Wachposten versehen. Nur

DR

mit einem Sonderausweis durfte man die Montagestände betreten.

Für den Einsatz auf Normalspurstrecken bekamen sie Drehgestelle der Bauart Görlitz V. Auf der Breitspur liefen die Wagen auf Drehgestellen der Bauart KWJS-ZN II. Um Verwechslungen auszuschließen, wurden die Wagennummern auch an den Drehgestellen angeschrieben. Die Breitspurdrehgestelle waren in Brest abgestellt. Alle Wagen waren eine in Leichtstahlbauweise gefertigte, selbsttragende Schweißkonstruktion. Rahmen und Untergestell bildeten eine Einheit. Da auch für den Verkehr auf Breitspur vorgesehen, war das Untergestell für den Einbau der Mittelpufferkupplung ausgerüstet. Ferner besaßen sie dreifache Schlussleuchten an den Stirnseiten. Die Kupplungsköpfe für die SA 3-Mittelpufferkupplungen wurden von den Waggonbauern mitgeliefert. Die Wagen waren mit einer selbsttätigen, indirekt wirkenden Druckluftbremse KE-GPR ausgerüstet. Die Gummiwülste an den Stirnseiten entsprachen den UIC- und den russischen Vorgaben.

Der Salonwagen A für das Staatsoberhaupt der DDR besaß zwei Einzelabteile, einen Arbeitsraum und einen Salon. WC und Waschraum befanden sich in der Mitte des Wagens. Im Heizkesselraum sorgte eine zusätzliche Ölheizung bei längeren Stillstandszeiten für Wärme. Die Salonwagen B mit und ohne Küche waren ähnlich eingerichtet. Die Wagen ohne Küche konnten auch als Einzelwagen in Reisezüge eingestellt werden. Sie blieben führenden »Mitgliedern der Staats- und Parteiführung« vorbehalten. Die Wagen mit Küche waren mit einem Propangasherd und einem Kühlschrank

Technische Daten für Typ Y/B	
Länge über Puffer	24.580 mm
Breite	2.882 mm
Höhe	4.230 mm
Drehzapfenabstand	17.200 mm
Radsatzstand	19.700 mm
Drehgestellbauart	Görlitz V
Radsatzabstand Drehgestell	2.500 mm
Höchstgeschwindigkeit	140 km/h
Dienstmasse	50.000-59.000 kg
Spurweite	1.435/1.524 mm
Erstes Baujahr	1969

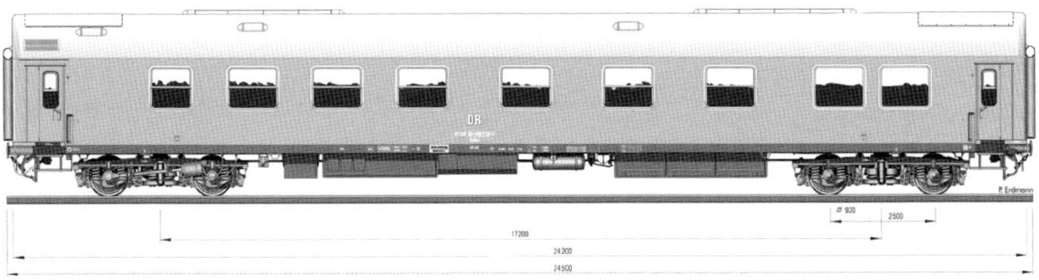

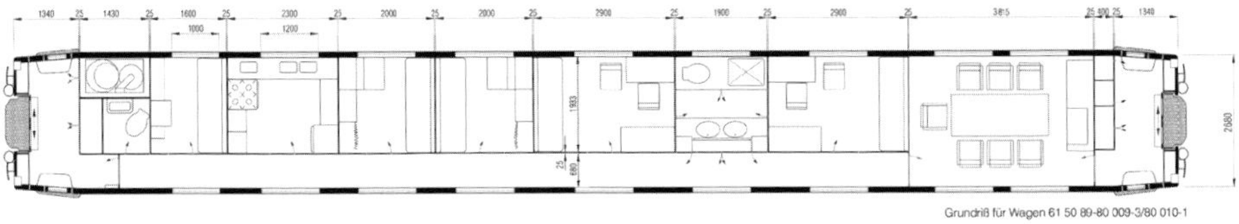

Grundriß für Wagen 61 50 89-80 009-3/80 010-1

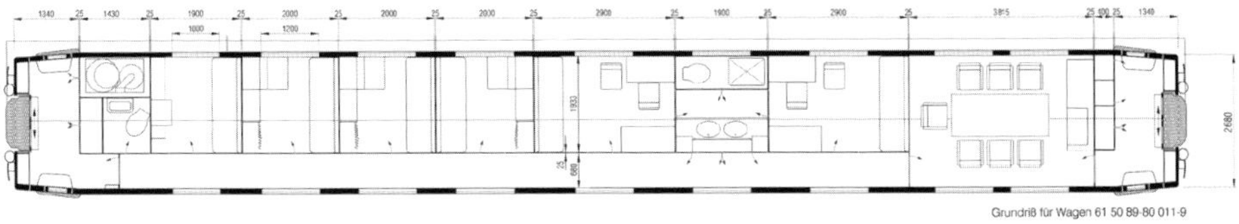

Grundriß für Wagen 61 50 89-80 011-9

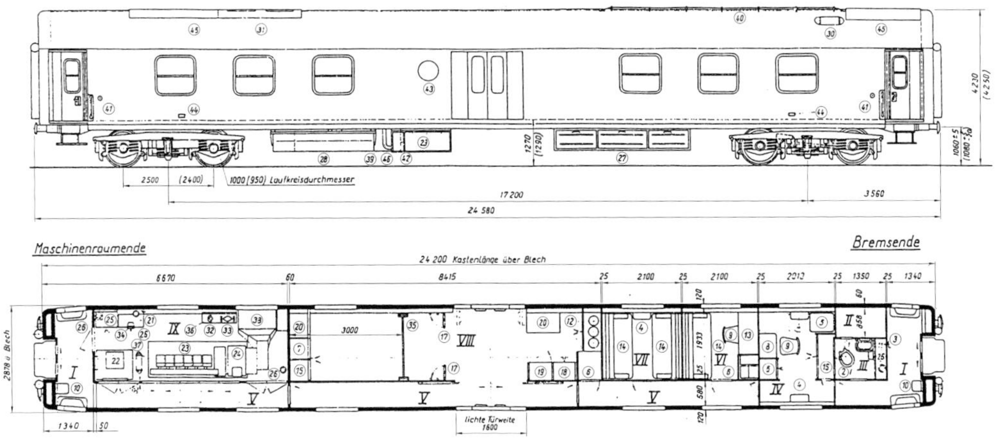

eingerichtet. Die Beiwagen zu den Salonwagen A und B besaßen einen Vorratsraum, eine kleine Küche mit Propangasherd und Bratröhre, sechs Abteile mit je zwei Plätzen, ein Dienstabteil und einen Heizkesselraum. In den beiden Salonspeisewagen mit Küche standen im Speiseraum sechs lose Tische mit Stühlen, die auch zu einer langen Tafel zusammengestellt für Beratungen genutzt werden konnten. Der Küchentrakt befand sich an einem Wagenende, die Anrichte grenzte an den Speiseraum. Die Ausstattung von Küche und Anrichte entsprach dem damaligen Stand für Speisewagen.

Die Salonspeisewagen ohne Küche wurden meist im Verband mit dem Speisewagen mit Küche oder dem Küchenwagen eingesetzt. Mit einem Salonbeiwagen konnten Kurzsonderzüge gebildet werden. Der Küchenwagen war besonders für lange Strecken vorgesehen. Die Innenausstattung bestand aus Koch-, Lager-, Kühl- und Gefrierraum. Für das Personal waren ein Raum mit Dusche und WC sowie zwei

Dienstabteile vorhanden. Heizkesselraum und Schaltschränke ergänzten die Ausstattung. Die Küche besaß mit Propangas betriebene Herde, Back- und Bratröhren.

Die Schlafwagen für Begleiter und Personal wurden aus einer laufenden Serie von Schlafwagen für die damalige ČSD entnommen. Der Innenraum bot neun Abteile mit je zwei Betten, einen Abstellraum und ein WC. Die Ausstattung der Abteile glich im Prinzip den Schlafwagen der MITROPA für den internationalen Verkehr. Sondereinrichtungen bildeten Fernsprecher, Abteilwechselsprechanlage sowie Stahlschränke für Wertsachen. Der eine Salon-Schlafwagen besaß sechs Abteile mit je einem Bett, einer Nasszelle mit WC und Dusche sowie einen Salon, ein Dienstabteil und einen Heizraum. Der zweite Salon-Schlafwagen erhielt acht Abteile für je zwei Personen. Im dritten Salon-Schlafwagen gab es einen Behandlungsraum für die medizinische Betreuung. Er war mit einer am Fußboden verankerten Liege ausgestattet. Medikamente und Geräte lagerten im angrenzenden Schlafabteil.

Die Nachrichtenwagen hatten die Aufgabe, während der Fahrt aber auch im Stillstand alle

Informationen an die entsprechenden Stellen im Zug weiterzuleiten. Die Sprechstellen waren ja vorwiegend in den Einzelabteilen und in den Salons der anderen Sonderwagen vorhanden. Außerdem wurden der Rundfunk- und Fernsehempfang über die Nachrichtenwagen gesteuert. An einem Wagenende besaßen die Nachrichtenwagen eine Kochnische zur Versorgung der Besatzung.

Die Maschinen- und Gepäckwagen entsprachen in ihren Abmessungen den anderen Sonderwagen. Neben der Lademöglichkeit für Gepäck war der Hauptverwendungszweck der Wagen, eine stabile Energieversorgung in Standzeiten ohne Fremdstromeinspeisung zu gewährleisten. Das Dieselaggregat mit einer Leistung von 90 kW lieferte die notwendige Energie. Der Kraftstoffhauptbehälter besaß ein Fassungsvermögen von 1.200 l (800 l für den Dieselmotor, 400 l für die Heizung) und befand sich unter dem Wagen. Damit war ein Einsatz von 26 Stunden möglich. Der Grundriss umfasste den Maschinenraum, einen Gepäckraum, ein Begleiterabteil, ein Dienstabteil, ein Zugführerabteil, den Heizraum und ein WC.

Der Autotransportwagen besaß einen Garagenraum mit einer Fläche von 37 m² zur Mitführung von zwei Luxus-Dienstwagen. Zur Verladung der Pkw konnte die zweiteilige Stirnwand komplett geöffnet werden. Eine mehrteilige Laderampe ermöglichte auch das Be- und Entladen auf offener Strecke beispielsweise an Bahnübergängen. Zur weiteren Ausstattung gehörten eine Toilette, ein Dienstabteil, ein Begleiterabteil, eine kleine Küche und der Heizkesselraum.

Bis auf die Gepäckwagen, Autotransportwagen und Schlafwagen für das Begleitpersonal waren die Wagen mit einer Klimaanlage ausgestattet. Die Konvektionsheizung konnte mit Dampf und mit einem elektrischen Heizgerät betrieben werden. Die Stromversorgung erfolgte über Drehstromgeneratoren an den Drehgestellen. Ein nachgeschalteter Gleichrichtersatz speiste die Speicherbatterien.

Alle Wagen erhielten den üblichen grünen Anstrich der Reisezugwagen. Allerdings waren die Buchstaben »DR« aus Metall gefertigt und aufgeschraubt. Beim Einsatz wurde zwischen den Fenstern mittig ein vergoldetes Emblem der DDR aufgesteckt. Der Zug war in Berlin-Lichtenberg beheimatet. Eine Fahrt führte u.a. den damaligen Ministerpräsidenten Stoph nach Kassel zu einem Treffen mit Bundeskanzler Willy Brandt, weitere Fahrten mit Diplomaten zu Jagdausflügen Richtung Erfurt, eine Fahrt mit Honecker zur Einweihung einer neuen Gießerei nach Chemnitz. Ferner erfolgten Fahrten in die damalige Sowjetunion über Brest, wo der Drehgestellwechsel stattfand. Zur KSZE-Abschlusskonferenz in Finnland im Jahr 1975 fuhr der Zug über Brest und Leningrad nach Helsinki. Nach 1990 wurden die Wagen von der Reichsbahn touristisch vermarktet. Die Nachfrage war groß, es kamen auch viele ausländische Touristen. Die Wagen wurden in vielen europäischen Ländern eingesetzt. Auch für Geschäftsleute oder Unternehmen standen die Wagen für Studien-, Konferenz- oder Tagungsfahrten zur Verfügung. Ende 1997 wurde schrittweise der gesamte Salonwagenpark ausgemustert und zu einem großen Teil verkauft.

Regierungszug der DDR
2 Salonwagen A
2 Beiwagen zum Salonwagen A
2 Salonwagen B mit Küche
1 Salonwagen B ohne Küche
1 Beiwagen zum Salonwagen B
2 Speisewagen mit Küche
2 Speisewagen ohne Küche
1 Salon-Küchenwagen
3 Salon-Schlafwagen
1 Schlafwagen mit Tagesraum
1 Schlafwagen mit Behandlungsraum
2 Salon-Nachrichtenwagen
3 Salon-Maschinen- und Gepäckwagen
1 Salon-Autotransportwagen
1 Proviant-Kühlwagen
4 Verstärkungswagen

Ministerium für Nationale Verteidigung
3 Arbeitswagen
2 Speisewagen
1 Nachrichtenwagen
1 Konferenzwagen
2 Stabsarbeitswagen
1 Kommandantenwagen
1 Universalwagen Hauptstab
1 Salonwagen Verteidigungsminister
1 Salonwagen
1 Gepäckwagen
1 Maschinen- und Gepäckwagen
1 Küchenwagen
3 Liegewagen
1 Speise- und Barwagen
3 Schlafwagen
1 Sanitärwagen

Ministerium für Verkehrswesen
2 Stabswagen A
2 Stabswagen B
1 Stabswagen B mit Nachrichtenabteil
1 Stabswagen C (Speise- und Küchenwagen)

DR
T4

Gefangenentransportwagen Bauart Zm

In den Jahren 1981 und 1982 beschaffte die Deutsche Reichsbahn für die Beförderung von Gefangenen je zwei dafür speziell vorgesehene Schnellzugwagen. 1990 folgte ein fünftes Exemplar. Die Konstruktion basierte auf den zur gleichen Zeit gefertigten Reisezugwagen der Gattung Bmhe. Die ersten vier Wagen waren Neubauten, der letzte wurde aus einem bereits vorhandenen Wagen der Bauart Bmhe umgebaut.

Weil es sich um ganz besondere Wagen handelte, gab es spezielle Sicherheitsmaßnahmen. So wurden die Laufwerke und die Wagenkästen unter strenger Bewachung im Raw Halberstadt gefertigt. Der Innenausbau erfolgte – ebenfalls bewacht – im Raw Potsdam. Die Wagen verließen das Werksgebäude nicht durch ein Tor, sondern für jeden Wagen wurde eine Mauerwand eingerissen und, nachdem der Wagen das Gebäude verlassen hatte, wieder aufgebaut.

Die Gefängniswagen liefen auf geschweißten Drehgestellen der modifizierten Bauart Görlitz V mit Plaststoffbuchsen, Rollenlagern und Monobloc-Rädern. Die zweistufige Druckluftbremse der Bauart Knorr KE-GPR besaß einen mechanischen Gleitschutz. Zusätzlich gab es eine Feststellbremse. Beim selbsttragenden Wagenkasten wurde aus Sicherheitsgründen auf Stirnübergänge verzichtet. Der einzige Einstiegsraum hatte einfache Drehfalttüren.

Technische Daten	
Länge über Puffer	26.400 mm
Breite	2.825 mm
Höhe	4.050 mm
Drehzapfenabstand	19.000 mm
Radsatzstand	21.500 mm
Drehgestellbauart	Görlitz V mod.
Höchstgeschwindigkeit	140 km/h
Anzahl der Zellen	18
Anzahl der Zellenplätze	72 km/h
Heizung	Lhzde
Bremse	KE-GPR-A
Eigenmasse	39.000 kg
Erstes Baujahr	1981
Stückzahl	5

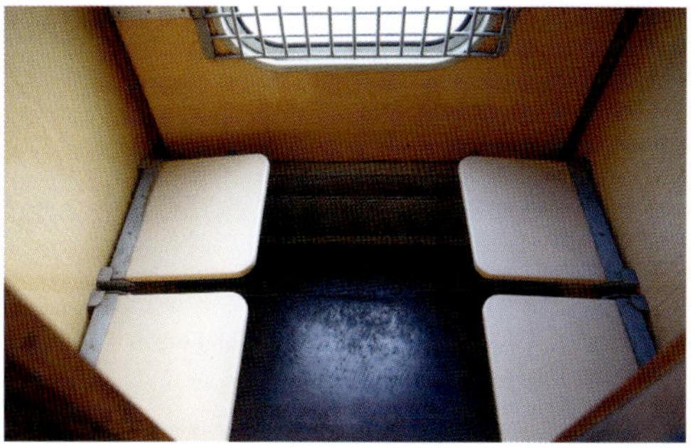

Der Innenraum bestand aus achtzehn Zellen mit vier Plätzen und einer Fläche von je nur 1,34 m^2. Sie waren über einen Mittelgang mit den Arbeitsräumen für das Wachpersonal verbunden. Hier gab es eine Küche und sechs Schlafräume. An beiden Wagenenden waren Toiletten angeordnet. Die Einkanal-Luftheizung konnte elektrisch oder mit Dampf betrieben werden. Die Wärme wurde mittels Unterflur-Luftheizgerät erzeugt und dann in die Innenräume eingeblasen. Zwei kontaktlose Drehstromgeneratoren mit Kegelrad-Stirngetrieben lieferten die elektrische Energie. Für den Zugfunk und die Türschließeinrichtung gab es eine zwölfpolige Hauptleitung. Die fünf Wagen bekamen einen grün angestrichenen Aufbau, ein schwarzes Fahrwerk und ein ebenfalls schwarzes Untergestell. Das Dach wurde zunächst grau, später hellbraun lackiert.

Die Wagen wurden meist zwischen Magdeburg, Leipzig und Bautzen zum Einsatz genutzt. Dabei stellte man sie planmäßigen Reisezügen bei. Nach der Wende 1989 wurden die Wagen abgestellt und direkt ausgemustert.

Der Wagen mit der Nummer 57 50 09-15 009 ist heute als Museumswagen in Berlin-Hohenschönhausen in eine Gedenkstätte für Stasi-Opfer integriert.

Gepäckwagen Bauart Daa (Pwg)

Mitte der 1950er Jahre stellte die Deutsche Reichsbahn neue Güterzugbegleitwagen in Dienst. In diesen Wagen fuhr das Personal (Schaffner und Rangierer) des Güterzugs mit. Die Wagen wurden insbesondere in Züge eingestellt, bei denen viele Zwischenhalte und Rangiermanöver vorgesehen waren. Aus Sicherheitsgründen wurden die Güterzugbegleitwagen immer hinter der Lokomotive eingereiht. Der VEB Waggonbau Görlitz, Außenstelle Niesky, wurde mit der Konstruktion dieser Wagen betraut, die auch im Personenverkehr auf Nebenstrecken eingesetzt werden sollten. 1956 entstand ein erster Prototyp, dem 1957 insgesamt 139 Serienfahrzeuge folgten.

Die Einsatzfähigkeit in Personenzügen erwies sich als sehr vorausschauend, denn im Laufe der Jahre wurden die Wagen im Güterzugdienst immer mehr überflüssig und konnten in den Personenzugdienst wechseln. Dabei änderten die Wagen ihre Bezeichnung von Pwg in Daa. Der Bedarf an neuen Gepäckwagen war aber größer als die Anzahl der hier vorgestellten Wagen. Deshalb erhielt das Raw Potsdam den Auftrag, weitere baugleiche Fahrzeuge zu fertigen. Geplant war eine Nachserie von 100 Wagen.

Die zuerst gebauten Wagen besaßen noch Radsätze mit Gleitlagern, später wurden Radsätze mit Rollenlagern verwendet. Die Federung übernahmen fünflagige Blatttragfedern mit Doppelschaken. Die Wagen waren mit einer Druckluft-Bremsanlage der Bauart Hik-GP mit Lastwechsel ausgerüstet. Untergestell und Wagenkasten bestanden aus unterschiedlichen Walzprofilen und waren komplett geschweißt. Der Kasten war von außen beblecht. Auf dem Dach gab es eine Kanzel für den Zugführer. Weil die Wagen zunächst in Güterzügen eingesetzt wurden, hatte man auf Stirnübergänge verzichtet. Am Ende mit der Zugführerkanzel boten zwei einfache Drehtüren am Wagenende einen Zugang. Außerdem gab

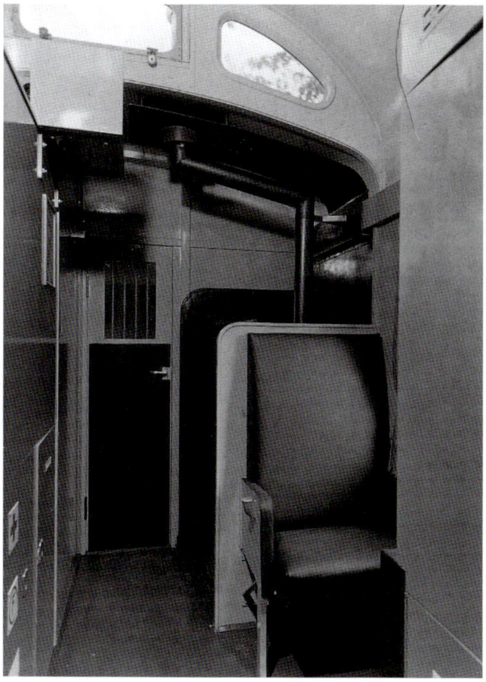

Technische Daten	
Länge über Puffer	8.940 mm
Breite	2.804 mm
Höhe	4.264 mm
Radsatzstand	4.850 mm
Ladefläche	8,68 m²
Höchstgeschwindigkeit	65 km/h
Heizung	Nuhz, Ohz
Bremse	Hik-GP
Eigenmasse	13.500 kg
Erstes Baujahr	1956
Stückzahl	239
Gattungsnummer	0564

es in den Seitenwänden große einflügelige Ladetüren, die in einen Gepäckraum führten.

Der Innenraum bestand aus einem Laderaum, einem Begleiterabteil und einer Toilette. Im Begleiterabteil stand ein erhöhter Sitz, von welchem der Zugführer durch die Stirnfenster des Dachaufbaus den Zug beobachten konnte. Außerdem gab es hier einen Klappsitz und eine Schreibgelegenheit. Schränke, Regale, ein kleiner Kocher und ein Erster-Hilfe-Kasten ergänzten die Ausstattung. Gegenüber dem Zugführerabteil befand sich der Arbeitsplatz des Ladeschaffners mit Sitz- und Schreibgelegenheit. Auch eine Toilette stand dem Personal zur Verfügung. Zusätzliche Mitfahrer konnten auf Klappsitzen im Gepäckraum Platz nehmen.

Die Heizung der Wagen wurde über eine Dampfleitung von der Zuglok aus versorgt. Konnte die Leitung nicht angeschlossen werden, gab es noch einen Kohleofen. Lüfter auf dem Wagendach sorgten für einen Luftaustausch zwischen den Innenräumen und der Umgebung. Ein am Untergestell montierter und über einen Riemen von einem Radsatz angetriebener Generator produzierte den Strom für die Wagen. Obwohl die Wagen zu den Güterwagen zählten, erhielten sie ab Werk einen Anstrich für Reisezugwagen mit schwarzem Laufwerk und Untergestell. Den Wagenkasten lackierte man grün. Das Dach und die Zugführerkanzel erhielten einen grauen Anstrich.

Alle Wagen wurden vor 1994 ausgemustert, so dass keiner mehr zur Deutschen Bahn AG gelangte. Einige sind aber heute noch bei Eisenbahnmuseen zu finden und sogar ab und an im Einsatz.

Gepäckwagen Bauart Dge (Bautzen)

Neben unterschiedlichen Bauarten von Sitz- und Schlafwagen entwarf der VEB Waggonbau Bautzen Ende der 1950er Jahre auch eine Gepäckwagen-Bauart. Sie lehnte sich, wie die anderen Reisezugwagen aus dieser Zeit, an die Schürzenwagen der Vorkriegsbauart an. Es wurden aber alle möglichen Neuerungen, insbesondere in Bezug auf den Leichtbau genutzt. Auf der Leipziger Frühjahrsmesse 1959 wurde ein erster Prototyp der Öffentlichkeit gezeigt. Er war für den internationalen und nationalen Einsatz in Schnellzügen vorgesehen. Wegen Kapazitätsengpässen und Prioritäten zu Gunsten des Exports wurden keine weiteren Wagen dieses Typs gebaut.

Der Wagen besaß vom VEB Waggonbau Bautzen neu entwickelte achshalterlose Drehgestelle mit Schraubenfedern. Die mehrlösige Druckluftbremse gehörte zur Bauart Hildebrandt-Knorr Hikks mit Doppelbremsklötzen. Das geschweißte Untergestell bestand aus gekanteten U-Profilen, die einen stabilen Rahmen bildeten, der durch einen Sickenfußboden verstärkt war. Das selbsttragende Kastengerippe und das Dach entstanden in Spantenbauweise aus gekanteten Blechprofilen und waren vollständig geschweißt. Über das Begleiterabteil wölbte sich eine Dachkanzel mit Fenstern an den Frontseiten. Der Zeit entsprechend wurden die Stirnübergänge durch Faltenbälge und einteilige Schiebetüren gesichert. Am Wagenende mit dem Zugführerabteil führten zwei einfache Drehtüren von den Seiten aus in den Endvorraum. Vier Doppelschiebetüren dienten als Ladetüren dem Zugang von außen in den Gepäckraum. Die Fenster waren in Aluminiumrahmen gefasst und mit einfachen Hartglasscheiben bestückt. Die Gepäckraumfenster ließen sich nicht öffnen und waren von innen vergittert, damit sie vom Ladegut nicht beschädigt wurden. Im Zugführerraum war ein Kurbelfenster angebracht. Die Domfenster ließen sich nach innen öffnen. Um immer gute Sicht auf den Zug und die Strecke zu gewährleisten, besaßen sie sogar Scheibenwischer.

Der Innenraum teilte sich in einen großen Gepäckraum, ein Begleiterabteil, eine Toilette, einen Vorraum und mehrere Hundeabteile. Im Be-

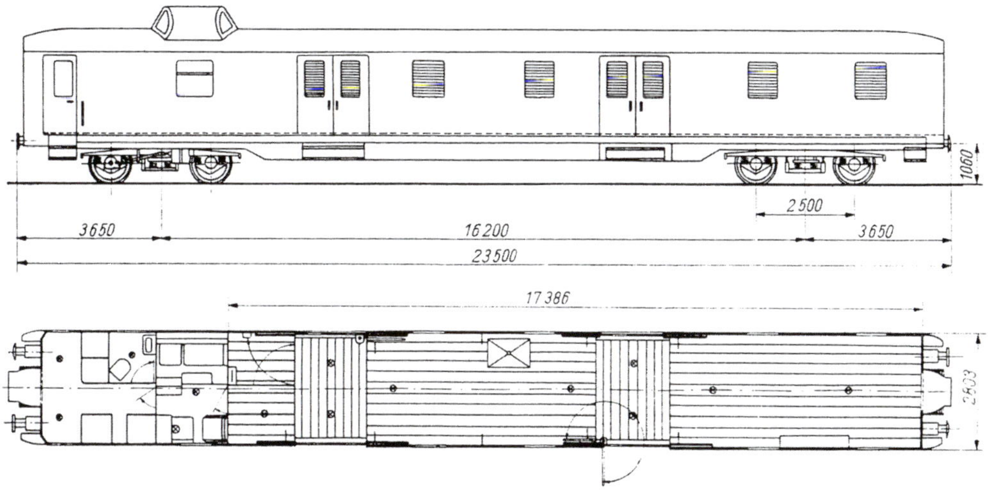

Technische Daten	
Länge über Puffer	23.500 mm
Höhe	4.271 mm
Breite	2.803 mm
Drehzapfenabstand	16.200 mm
Radsatzstand	18.700 mm
Radsatzabstand Drehgestell	2.500 mm
Höchstgeschwindigkeit	120 km/h
Heizung	Dhz, Elhz
Bremse	Hikks
Eigenmasse	28.000 kg
Baujahr	1958
Stückzahl	1

gleiterabteil stand ein erhöhter Zugführersitz, der während der Fahrt eine einfache Kontrolle des Zugs ermöglichte. Außerdem waren hier ein Klapptisch, ein Klappsitz und ein Schrank mit Fächern eingebaut. Im Gepäckraum befanden sich Haltevorrichtungen für Fahrräder und eine Fischwanne mit Abfluss nach außen. Die Hochspannungsanlage der Luftheizung wurde über eine elektrische Durchgangsleitung von der Ellok aus versorgt. Ferner konnte aber auch über die Hauptdampfleitung mit Dampf geheizt werden. Später erhielt der Wagen eine Konvektionsheizung. Die restlichen Verbraucher wurden aus einer Batterie gespeist, die von einem Achsgenerator geladen wurde.

Der Wagen besaß einen grünen Kasten mit schwarzem Fahrwerk, Seitenschürzen und Langträgern. Das Dach hatte einen silberfarbigen Anstrich. Der Wagen wurde bei Mess- und Versuchsfahrten ausgiebig getestet und kam danach in den normalen Plandienst. Im Laufe der Zeit wurden die Faltenbälge an den Stirnseiten gegen Gummiwülste getauscht und die Dachkanzel abgebaut. Leider verliert sich dann irgendwann die Spur des Wagens, so dass keine Hinweise auf seinen Verbleib bekannt sind.

Gepäckwagen für Gliederzüge Bauart DDg

Die für den Fernverkehr vorgesehenen fünfteiligen Doppelstock-Gliederzüge boten zwar möglichst vielen Fahrgästen bei kurzer Zuglänge einen Sitzplatz, durch die aber gegenüber den zwei- und vierteiligen Doppelstockzügen stark verkleinerten Einstiegsräume und durch den Mehrbedarf an Gepäck bei Fernreisenden fehlte in den Fünfteilern Platz für das Gepäck. Um den Reisenden bei ihren Fahrten genügend Raum dafür anbieten zu können, stellte die DR den Zügen zunächst einstöckige Altbau-Gepäckwagen bei. Diese alten Wagen passten aber nicht zum Erscheinungsbild der Doppelstockzüge und außerdem konnten sie während der Fahrt nicht betreten werden, weil die Stirnübergänge der Doppelstock- und der einstöckigen Wagen nicht kompatibel waren. Um diese Nachteile abzustellen, beschaffte die Reichsbahn zu den Gliederzügen passende Doppelstock-Gepäckwagen. Diese 21 zwischen 1959 und 1961 montierten Wagen waren aber keine Neubauten, sondern entstanden im Rahmen des »Reko«-Programms auf Laufwerken und Untergestellen alter Reisezugwagen.

Die Wagen liefen auf zweiachsigen Drehgestellen der Bauart Görlitz 0905 mit Schraubenfedern. Sie besaßen eine Druckluft-Klotzbremse der Bauart Hik-G-P und konnten bis zu 120 km/h schnell fahren. Im Gegensatz zu den anderen Doppelstockwagen war bei ihnen ein durchgehendes Untergestell vorhanden und somit wiesen diese Wagen keinen abgesenkten Boden auf. Der Kasten war in Stahl-Leichtbauweise gefertigt und die Seitenschürzen passten die Wagen nur optisch an die Gliederzüge an. Damit das Personal auch während der Fahrt in die Gepäckwagen gelangen konnte, erhielten die Wagen die hoch liegenden Stirnübergänge der Gliederzüge. Sie wurden durch Gummiwülste und einfache Drehtüren gesichert. Während der erste Wagen nur eine doppelflügelige Schiebetür in der Mitte des Gepäckraums besaß, wurden bei den anderen Wagen zwei einflüglige Schiebetüren mit einem Abstand von 5.700 mm eingebaut.

Im Inneren waren die Wagen nur einstöckig ausgeführt. In der Mitte lag ein Laderaum mit Fahrradhalterungen. An einem Wagenende be-

Technische Daten	
Länge über Puffer	20.000 mm
Breite	3.020 mm
Höhe	4.650 mm
Drehzapfenabstand	13.000 mm
Radsatzstand	16.000 mm
Drehgestellbauart	Görlitz III leicht
Radsatzabstand Drehgestell	3.000 mm
Höchstgeschwindigkeit	120 km/h
Heizung	Dhz, Nuhz
Bremse	Hik-GP
Eigenmasse	35.000 kg
Erstes Baujahr	1959
Stückzahl	21
Gattungsnummer	0500

fanden sich die Abteile für den Zugführer und für den Packmeister, während die beiden Abteile am anderen Ende vom Zugpersonal genutzt werden konnten. Zudem gab es eine Toilette mit Waschgelegenheit. Die Abteile waren mit Sitz- und Schreibgelegenheiten sowie mit Schränken eingerichtet. Im Winter sorgte eine Niederdruck-Dampfheizung für Wärme in den Wagen. Die Serienfahrzeuge konnten zusätzlich noch elektrisch beheizt werden. Statische Lüfter auf dem Wagendach brachten frische Luft in die Innenräume. Die elektrische Energie lieferten Achsgeneratoren mit Riemenantrieb. Glühlampen übernahmen die Beleuchtung der Innenräume.

Der Kasten der Gepäckwagen wurde grün lackiert und bekam die üblichen Absetzlinien, der große Schriftzug des Vorserienwagens in der Mitte der Seitenwände wurde später durch die Buchstaben »DR« ersetzt. Laufwerk, Untergestell und Seitenschürzen waren schwarz, das Dach grau gestrichen. Ihrer vorgesehenen Aufgabe entsprechend wurden die Wagen den fünfteiligen Gliederzüge beigestellt. Später reihte die Reichsbahn sie auch einzeln und dabei bevorzugt in Gepäck- und Expressgutzüge ein. Sie wurden alle in der ersten Hälfte der 1980er Jahre ausgemustert und verschrottet.

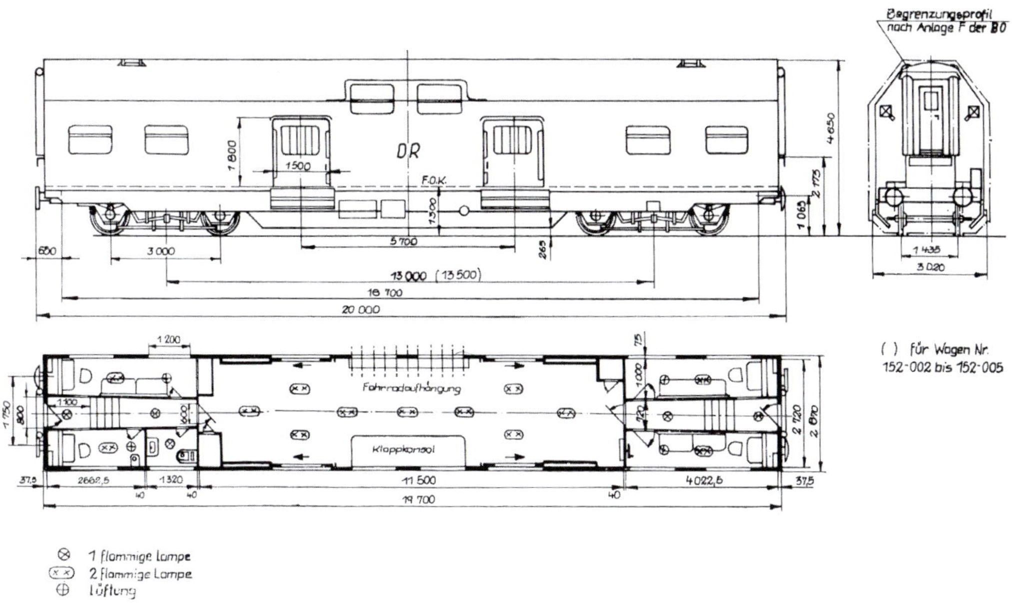

Modernisierungs-Gepäckwagen Bauart Dg(s)

Auch bei den Gepäckwagen hatte die Deutsche Reichsbahn in den 1950er Jahren noch zahlreiche Fahrzeuge aus der Länderbahn- und der Reichsbahnzeit vor dem Zweiten Weltkrieg im Bestand, die nicht mehr den aktuellen Ansprüchen entsprachen, auf welche sie aber noch nicht verzichten konnte. Deshalb nahm die Reichsbahn zahlreiche dieser Wagen in ihr Modernisierungsprogramm auf. Bei diesem Umbau erhielten sie alle ein gleichlanges Untergestell und den gleichen Aufbau. Die Wagen wurden ab 1960 in unterschiedlichen Ausführungen gebaut. So gab es Fahrzeuge, die nur eine Dampfheizung besaßen. Andere hatten zusätzlich eine elektrische Heizung. Außerdem gab es welche mit und ohne Seitengang im Laderaum. Die letzten der hier vorgestellten Wagen gelangten 1970 zur Reichsbahn.

Bei den früh umgebauten Wagen behielt man die alten Drehgestelle der Bauart Görlitz III leicht mit Blattfedern und einem Radsatzstand von 3.000 mm bei. Später wurden achshalterlose Drehgestelle der Bauart Görlitz V mit Schraubenfedern und einem Radsatzstand von 2.500 mm verwendet. Auch bei den Bremsen unterschieden sich die Wagen. Die älteren besaßen eine Druckluftbremse der Bauart Hildebrand-Knorr Hik-GPR, die neueren eine der Bauart Knorr KE-GPR. Beide hatten einen G-P-R-Lastwechsel. Für das Untergestell wurden unterschiedliche Bleche und Profile verwendet, die zu einem stabilen Rahmen zusammengeschweißt waren. Ein Sickenboden verlieh dem Rahmen die nötige Stabilität. Der geschweißte Kasten bestand aus den Baugruppen Seitenwände, Stirnwände und Dach. Gummiwülste und zweiflügelige Schiebetüren verschlossen die Stirnübergänge. An beiden Wagenenden führten einfache Drehtüren mit versetztem Drehpunkt durch die Seitenwände in die Endvorräume. Der Gepäckraum ließ sich durch je zwei vierteilige Falttüren je Wagenseite be- und entladen. In die Seitenwände wurden Klappfenster eingebaut, deren oberer Teil sich nach innen klappen ließ. Sie besaßen Scheiben aus Sicherheitsglas und waren im Gepäckraum von innen gegen Beschädigungen vergittert.

Außer den beiden Endeinstiegsräumen und dem

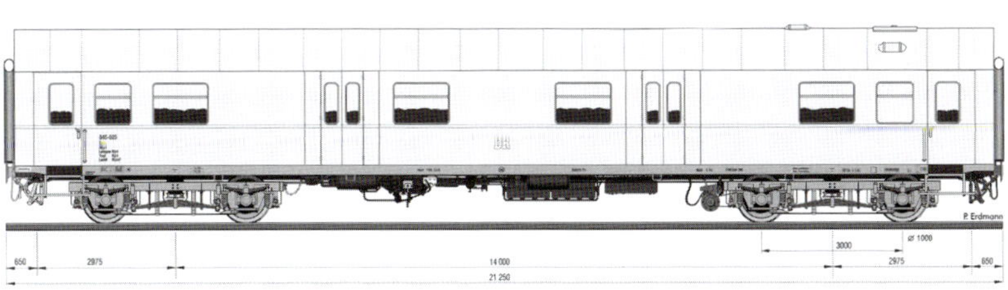

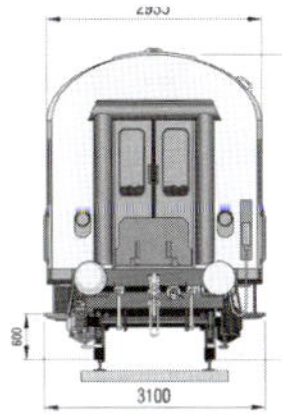

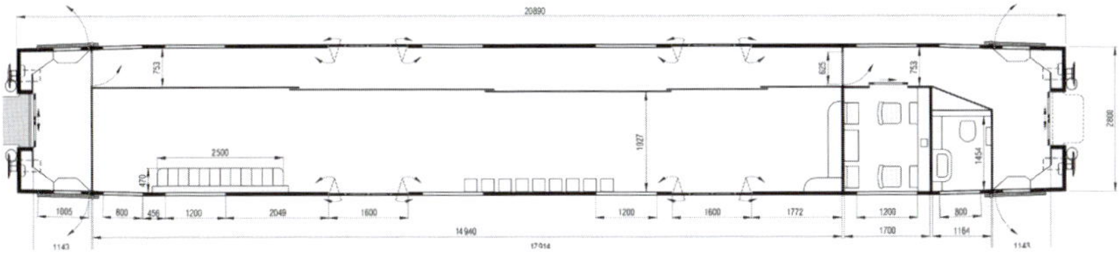

Technische Daten	
Länge über Puffer	20.890 mm
Breite	2.935 mm
Höhe	4.026 mm
Drehzapfenabstand	14.000 mm
Radsatzstand	
Drehgestelle Görlitz III	17.000 mm
Drehgestelle Görlitz V	16.500 mm
Drehgestellbauart	Görlitz III leicht, Görlitz V
Radsatzabstand Drehgestell	
Görlitz III	3.000 mm
Görlitz V	2.500 mm
Höchstgeschwindigkeit	120 km/h
Ladefläche Dg / Dgs	36 / 25 m²
Heizung	Nuhz/Elhz
Bremse	Hik-GPR, KE-GPR
Eigenmasse	35.000 kg
Erstes Baujahr	1960
Stückzahl	89
Gattungsnummer	0515

großen Gepäckraum hatten die Wagen noch ein Dienstabteil und eine Toilette. In den Fahrzeugen mit Seitengang gab es ein abschließbares Zollabteil und so waren sie sogar international einsatzfähig. Im Gepäckraum befanden sich u.a. Fahrradaufhängungen, Skihalter und klappbare Rahmengitter neben den Ladetüren. Das Dienstabteil war mit einer Schreibgelegenheit, zwei Stühlen und einem Regalschrank ausgestattet. Eine Niederdruck-Umlaufheizung mit selbsttätiger Temperaturregelung sorgte für Wärme in den Wintermonaten. Die Heizung wurde über die Hauptdampfleitung von der Lokomotive aus versorgt. Einige Wagen besaßen zusätzlich eine elektrische Heizung, die aus der Heizleitung gespeist wurde. Achsgeneratoren versorgten die Verbraucher mit Strom.

Die Gepäckwagen erhielten nach ihrem Umbau einen grünen Kasten, ein graues Dach, ein schwarzes Laufwerk und schwarze Langträger. Wagen, die international eingesetzt werden konnten, wurden in den 1980er Jahren zweifarbig grün-beige angestrichen. Das Dach wurde dabei braun lackiert. Nach der Gründung der Deutschen Bahn AG übernahm diese noch einige Modernisierungs-Gepäckwagen und reihte sie als Dg 950 bzw. Dgs 950 in ihren Bestand ein. Sie verschwanden aber schon recht bald danach von den Gleisen.

Reko-Gepäckwagen Bauart Dag

Auch für ihre Nahverkehrszüge benötigte die Deutsche Reichsbahn moderne Gepäckwagen. Deshalb nahm sie auch zahlreiche zwei- und dreiachsige Gepäckwagen aller Länderbahn- und Einheitsbauarten in ihr Rekonstruktionsprogramm auf, in dem alte Sitzwagen an die modernen Anforderungen angepasst wurden. Der Umbau der Gepäckwagen sollte in erster Linie für ein einheitliches Zugbild zusammen mit den Sitzwagen sorgen. Außerdem vereinfachte der einheitliche Umriss aller Wagen in einem Zug die Außenreinigung. Die Gepäckwagen entstanden zur gleichen Zeit wie die Sitzwagen. Das Raw Halbestadt lieferte in den Jahren 1963 bis 1965 insgesamt 280 Gepäckwagen in zwei unterschiedlichen Ausführungen.

Die dreiachsigen Untergestelle wurden samt Laufwerken mit Gleitlager-Radsätzen von den Spenderwagen übernommen. Anbauten an den Stirnseiten glichen die unterschiedlichen Längen der Untergestelle aus. So konnte bei allen Wagen der gleiche Kasten aufgesetzt werden. Zwar wurden bei der Aufarbeitung sehr stark verschlissene Bauteile durch neue ersetzt. Trotzdem achtete man darauf, möglichst viele der Originalteile wieder zu verwenden. Die Bremsen der Wagen wurden meist nur aufgearbeitet, die Bremsbauart blieb unverändert. Deshalb gibt es Reko-Gepäckwagen mit unterschiedlichen Bremsbauarten. Seitenwände, Dach und Stirnwände wurden getrennt voneinander gefertigt, erst später zusammengeschweißt und mit dem Untergestell verbunden. Damit die Wagen auch in Waschanlagen gereinigt werden konnten, waren die Seitenwände möglichst eben, nur die Türen wurden etwas zurückversetzt. Das Dach war an den Wagenenden nicht nach unten gezogen. Gummiwülste und vierteilige Falttüren an den Stirnseiten boten dem Personal eine Übergangsmöglichkeit zu den Nachbarwagen. Die Seitenfenster waren fest mit der Seitenwand verbunden, nur das obere Viertel konnte nach innen geklappt werden. Um Beschädigungen zu vermeiden, vergitterte man die Fenster im Gepäckraum von innen.

Zwei schmale Schiebetüren an den Enden der Längsseiten führten in die beiden Vorräume der

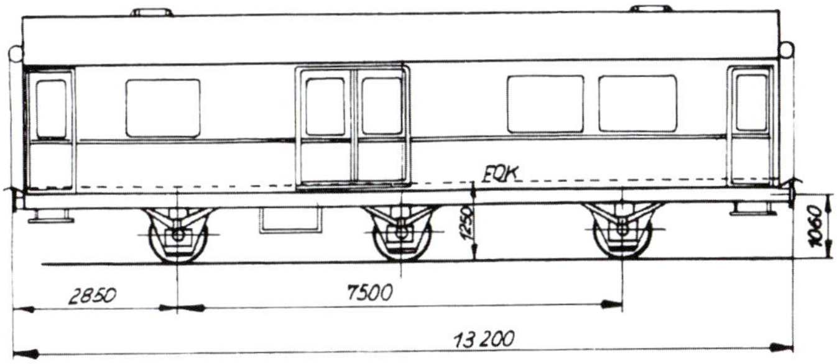

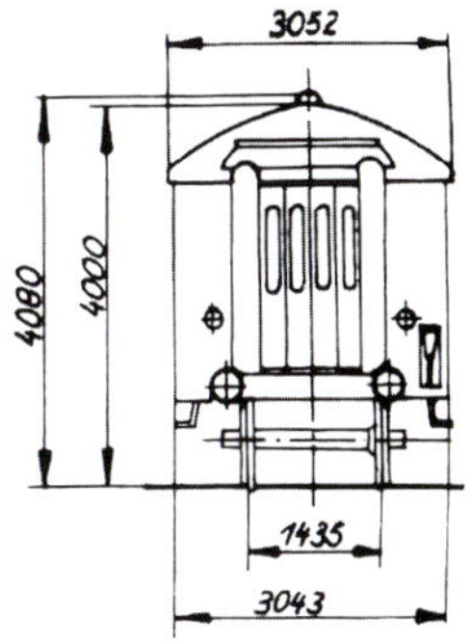

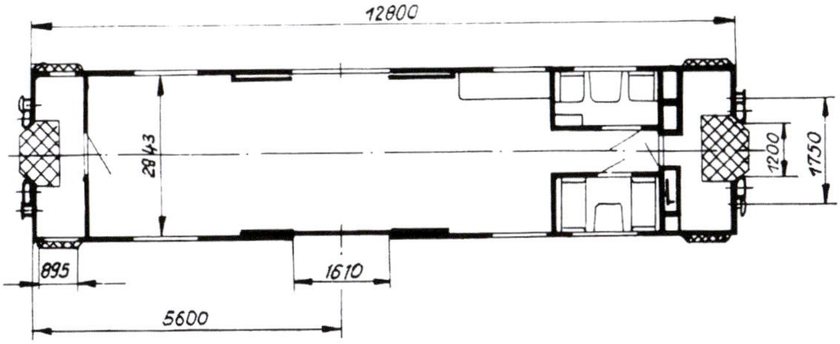

Wagen. Der Gepäckraum ließ sich durch eine breite zweiflügelige Schiebetür vom Bahnsteig aus be- und entladen. Der Innenraum teilte sich in einen großen Gepäckraum und – an einem Wagenende – in zwei Dienstabteile, die durch einen kurzen Mittelgang voneinander getrennt waren. In diesen Abteilen befanden sich Sitzgelegenheiten, Schreibplätze sowie Schränke und Regale.

Einige der hier vorgestellten Dreiachser wurden noch von der Deutschen Bahn AG übernommen und als Bauart Dg 950 eingereiht. Sie fielen aber schon bald der Ausmusterung anheim. Mehrere Wagen sind heute noch bei Museumsbahnen vorhanden.

Technische Daten	
Länge über Puffer	13.200 mm
Breite	3.043 mm
Höhe	4.000 mm
Eigenmasse	17.000 kg
Radsatzstand	7.500 mm
Höchstgeschwindigkeit	90 km/h
Heizung	Dhz, Elhz
Bremse	verschieden
Erstes Baujahr	1963
Stückzahl	280
Gattungsnummer	0524

Autotransportwagen Bauart DDm

Sogar in der DDR erfreute sich das Konzept »Auto im Reisezug« in den 1960er Jahren immer größerer Beliebtheit. Bisher hatte die Deutsche Reichsbahn dafür Autotransportwagen der Güterwagenbauart verwendet und diese den Autoreisezügen beigestellt. Die zwei- bzw. dreiachsigen Wagen waren aber nur bedingt für den Einsatz in Reisezügen geeignet, denn ihre Höchstgeschwindigkeit war zu gering und einige besaßen keine Heizleitungen. Daher mussten sie immer am Schluss der Züge laufen. Aus diesen Gründen beschloss die Reichsbahn Anfang der 1970er Jahre die Beschaffung neuer Autotransportwagen, welche sich im Grundsatz an die Reisezugwagen anlehnten. So sollten die Wagen auf zwei zweiachsigen Drehgestellen laufen und eine Länge von 26.400 mm haben. Die Reichsbahn baute diese Wagen nicht selbst, sondern kaufte 38 Exemplare beim französischen Waggonbauer ANF Frangeco, der für die französische Staatsbahn SNCF ähnliche Fahrzeuge geliefert hatte.

Weil die Wagen aus Frankreich kamen, wurden sie mit in Frankreich gängigen Komponenten ausgestattet. So gehörten die Drehgestelle zum französischen Typ Y 30 und waren für eine Geschwindigkeit von 160 km/h zugelassen. Gebremst wurden die Wagen mit einer Druckluftbremse der Bauart Knorr KE-GP (D), konnten aber um eine Magnetschienenbremse erweitert werden. Der Wagenkasten mit seinen zwei festen Ladeebenen war eine geschweißte Stahl-Leichtbaukonstruktion. An den Stirnseiten hatte man klappbare Überfahrbrücken montiert. So wurde eine durchgängige Ladeebene gebildet und die Autofahrer konnten mit ihren Pkw von einer Stirnbühne aus auf beiden Etagen durch den ganzen Zug fahren.

Für die Fahrbahnebenen wurde aus Sicherheitsgründen Riffelblech verwendet, das einen rutschfesten Anstrich bekommen hat. Die Bleche waren in Längsrichtung in der Mitte leicht nach oben gewölbt, damit das Regenwasser abfließen konnte. Ein Rohr leitete das Wasser unter die Wagen. Weil die Pkw von ihren Fahrern selbst verladen wurden, besaßen die Wagen an der oberen Ladeebene seitliche Geländer an den Enden der Längsseiten. Damit sich die Pkw während der Fahrt des Zuges nicht bewegten, wurden sie mit losen Radvorlegern gesichert. Jeder Wagen führte pro Ladeebene 15 Paar dieser Radvorleger mit. Sie wurden an in

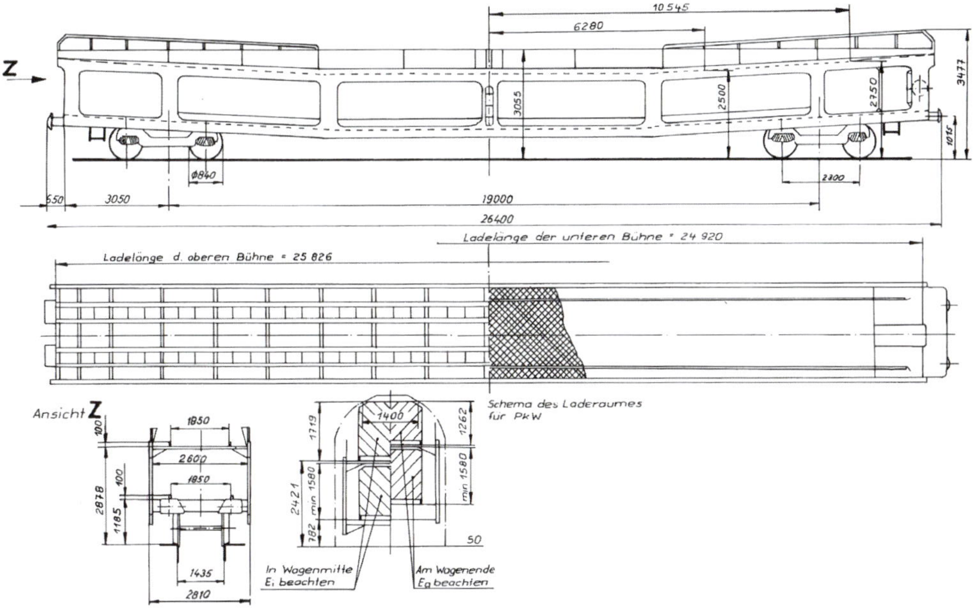

Längsrichtung montierten Führungsschienen befestigt.
Damit die Wagen in Reisezügen an jeder Position eingereiht werden konnten, erhielten sie eine Hauptdampfleitung sowie eine durchgehende elektrische Heizleitung. Eine zwölfpolige Durchgangsleitung diente zur Durchbindung der elektrischen Versorgung. Die Wagen bekamen den grünen Anstrich der Reichsbahn-Reisezugwagen, dazu schwarze Laufwerke und Untergestelle. Sie wurden überwiegend in Autoreisezügen eingesetzt, konnten aber auch in Güterzüge eingestellt werden, in denen sie aber nur 100 km/h schnell fahren durften. Nach 1994 gelangten sie zur Deutschen Bahn AG und wurden als DDm 916 in den Bestand übernommen.

Technische Daten	
Länge über Puffer	26.400 mm
Breite	2.810 mm
Höhe	3.477 mm
Drehzapfenabstand	19.000 mm
Radsatzstand	21.300 mm
Drehgestellbauart	Y 30
Radsatzabstand Drehgestell	2.300 mm
Höchstgeschwindigkeit	160 km/h
Bremse	KE-GP (D)
Eigenmasse	25.000 kg
Erstes Baujahr	1971
Stückzahl	38
Gattungsnummer	0501

Prototyp-Postwagen Bauart Post 24 (Bautzen)

Wie bei den anderen Reisezugwagen zeichnete sich auch bei den Postwagen in den 1950er Jahren ab, dass die Deutsche Post der DDR neue Fahrzeuge benötigte, weil der Bedarf auf Dauer nicht durch Umbauten und Modernisierungen gedeckt werden konnte. Deshalb erhielt der VEB Waggonbau Bautzen Mitte der 1950er Jahre den Auftrag, einen neuen Postwagen zu entwickeln und zu bauen. Es entstand ein 26 m langer Vierachser, der sich zwar äußerlich an die Vorkriegs-Schürzenwagen anlehnte, aber nach den damals neuesten Erkenntnissen konzipiert wurde. Der Wagen wurde 1957 fertiggestellt und an die Deutsche Post abgeliefert. Weil sich die Post aber noch nicht auf eine zukünftige Transportform von Paketen und Briefen festgelegt hatte – es stand u.a. die Beförderung der Sendungen in Säcken oder in Rollcontainern zur Diskussion – ging die Bauart nicht in Serie und es blieb bei diesem Einzelgänger.

Die Konstrukteure wählten achshalterlose Drehgestelle mit Schraubenfedern, welche der Bauart Görlitz V recht Nahe kamen. Die selbsttätige Druckluftbremse der Bauart Hildebrandt-Knorr für Schnellzüge ermöglichte zwar eine Höchstgeschwindigkeit von 160 km/h, der Wagen war aber nur für 120 km/h zugelassen. Das vollständig geschweißte Untergestell wurde aus gekanteten Blechprofilen hergestellt und an den Enden mit rammsteifen Untergestellvorbauten verstärkt. Zwischen den Drehgestellen verdeckten Seitenschürzen die unterflur aufgehängten Aggregate. Der Wagenkasten aus Walz- und gekanteten Blechprofilen war ebenfalls geschweißt. Die Seitenwände verlängerte man bei den Wagenenden über das Untergestell hinaus. Auf Stirnübergänge wurde verzichtet. An einem Wagenende ermöglichten einfache Drehtüren den Zugang zum Endvorraum. Pro Seite führten doppelflügelige Schiebetüren in die Laderäume. Sie wurden mit Druckluft betätigt. Sämtliche Seitenfenster in den Laderäumen waren von innen vergittert, um so Beschädigungen zu vermeiden. Zwei Fenster in den Seitenwänden des Briefraums konnten mit einer Kurbel geöffnet werden. Alle anderen Fenster blieben fest montiert.

Am Ende des Einstiegsraums war eine Toilette untergebracht. An die Toilette schloss sich der Brief- und Aussackraum an. Er war mit Tischen und Fachwerken für Briefe ausgestattet. Unter den Tischen befanden sich ein Wertsachenschrank, Briefkörbe und Briefkästen. Der Aus-

sackbereich verfügte über Beutelspannen und Päckchenfächer. Um die Arbeit zu erleichtern, gab es am Aussacktisch eine Staubabsaugung. An den Aussackbereich schloss sich der Packraum an. Hier waren Packbretter an den Wänden montiert und zudem gab es Tragstangen im Dachbereich. Ganz am Ende des Wagens befand sich der Ofenraum mit den Einrichtungen für die Luftheizung. Außer durch den Ofen konnte die Luft mit Dampf oder elektrischem Strom aus der Lokomotive erzeugt werden. Ein Achsgenerator, der über einen Flachriemen angetrieben wurde, versorgte die elektrischen Verbraucher mit Energie. Damit sich das Personal kleine Speisen und Getränke zubereiten konnte, waren Kochplatten und ein Kühlschrank in den Wagen eingebaut. Der Wagen wurde mit schwarzem Laufwerk sowie schwarzen Langträgern und Seitenschürzen geliefert. Den Wagenkasten ließ man grün, das Dach grau lackieren.

Technische Daten	
Länge über Puffer	26.000 mm
Breite	2.790 mm
Höhe	3.934 mm
Eigenmasse	46.700 kg
Drehzapfenabstand	19.330 mm
Radsatzstand	21.830 mm
Drehgestellbauart	Görlitz V
Radsatzabstand Drehgestell	2.500 mm
Höchstgeschwindigkeit	140 km/h
Heizung	Lhz, Elhz
Bremse	Hikss
Baujahr	1957
Stückzahl	1

Postwagen Bauart Post 15 (Bautzen)

Neben dem auf Seite 126 vorgestellten, 26 m langen Bahnpostwagen entwickelte der VEB Waggonbau Bautzen auch einen nur 16,6 m langen Schnellzug-Postwagen, der bei geringerem Postaufkommen eingesetzt werden konnte. Der erste Wagen dieser Ausführung wurde 1957 auf der Leipziger Messe gezeigt und bis 1958 lieferte der VEB Waggonbau Bautzen vier weitere Fahrzeuge dieses Typs.

Die fünf Wagen liefen auf Drehgestellen, die zu einer Übergangsbauart zwischen Görlitz IV und Görlitz V gehörten. Sie besaßen Schraubenfedern und vertikal wirkende, hydraulische Dämpfer. Als Bremse wurde eine mehrlösige Druckluft-Klotzbremse der Bauart Hildebrand-Knorr für Personenzüge eingebaut. Das geschweißte Untergestell setzte sich aus gekanteten Blechprofilen zusammen und war an beiden Enden um Untergestellvorbauten erweitert. Im Bereich der Ladetüren waren die Langträger verstärkt. Der Wagenkasten war samt Dach vollständig geschweißt. Beide bestanden aus Walzprofilen und abgekanteten Blechprofilen. Da sich in den Wagen nur Personal der Deutschen Post aufhalten durfte, besaßen sie keine Stirnübergänge. Von der Laderampe aus war der Zugang durch eine einfache Drehtür in einen Endvorraum bzw. durch zwei Doppelschiebetüren direkt in die Laderäume möglich. Durch sie wurden auch die Postsendungen ein- und ausgeladen. Die Schiebetüren ließen sich über eine elektrisch betriebene Druckluftanlage bewegen. Die Fenster der Schiebetüren und in den Seitenwänden waren von innen vergittert, um sie vor Beschädigungen zu schützen und den unberechtigten Zugang zu den Wagen zu erschweren. Der obere Teil der Wandfenster ließ sich mit einer Kurbel bewegen.

In der Nähe des Endeinstiegsraums wurden die Toilette und der Ofen- bzw. Lüftungsraum angeordnet. Hieran schloss sich ein Briefraum an. Er war mit Tischen und Regalen für Briefpost und Päckchen ausgestattet. Unter den Tischen befanden sich ein Reglerschrank, ein Wertsachenschrank sowie Briefkästen für den Briefeinwurf von außen. Im Aussackbereich standen ein dreiteiliges Gestell zum Aufhängen von Postsäcken sowie ein Mehrzweckschrank und gegenüber ein Aussacktisch mit Staubabsaugung. Der Paketraum war mit Staubrettern,

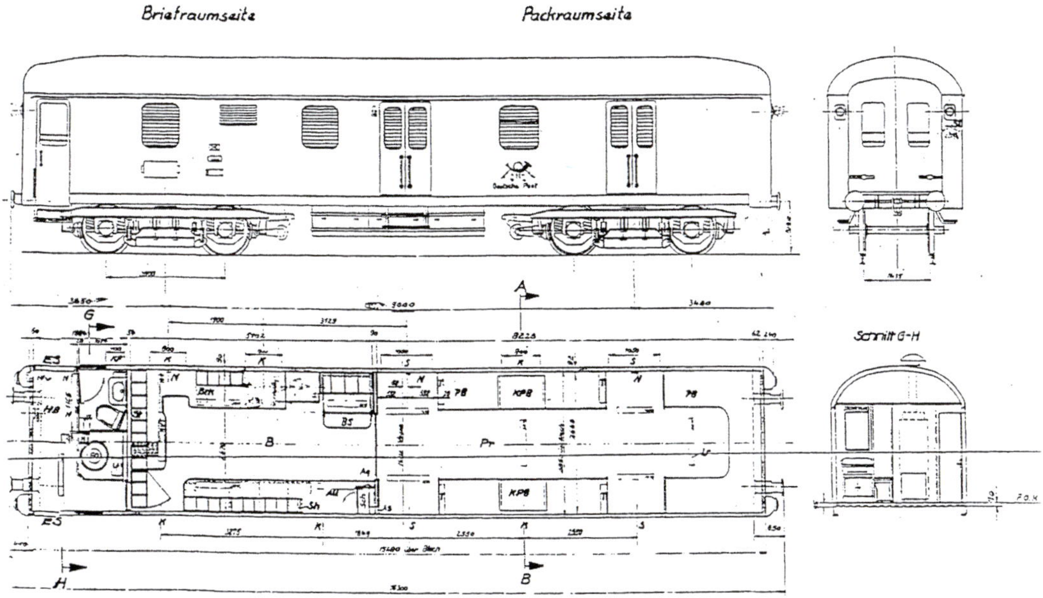

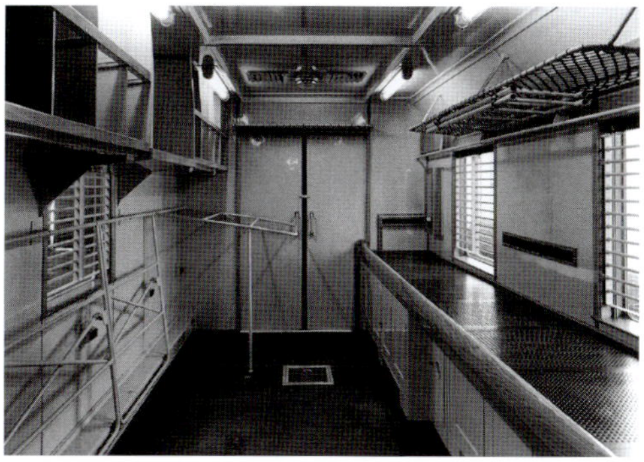

Gerüsten und mit einem Sortiertisch ausgestattet. Die Luft in den Wagen konnte durch einen Kohleofen erwärmt werden. Somit war die Heizung unabhängig von Loks oder dem Ortsnetzanschluss. Zwei Generatoren mit Flachriemenantrieb luden die Speicherbatterien, die unter dem Fußboden aufgehängt waren und dann die Verbraucher speisten.

Die Wagen hatten einen grünen Außenanstrich, bei dem auf Zierelemente verzichtet wurde. Lediglich die technischen Daten, ein gelbes Posthorn und die Aufschrift »Deutsche Post« waren angeschrieben. Langträger, Untergestell und Laufwerk erhielten eine schwarze Lackierung, das Dach wurde grau.

Technische Daten	
Länge über Puffer	16.300 mm
Breite	2.850 mm
Höhe	4.005 mm
Drehzapfenabstand	9.000 mm
Radsatzstand	11.500 mm
Drehgestellbauart	Görlitz
Radsatzabstand Drehgestell	2.500 mm
Höchstgeschwindigkeit	120 km/h
Heizung	Lhzdoe
Bremse	Hikpbr
Eigenmasse	32.000 kg
Erstes Baujahr	1957
Stückzahl	5

Reko-Postwagen Bauart Post 12

Nachdem die Deutsche Reichsbahn die Rekonstruktion ihrer zwei- und dreiachsigen Sitzwagen abgeschlossen hatte, wurde zwischen der Bahn und der Post vereinbart, dass das Raw Halberstadt auch alte Postwagen in der gleichen Form rekonstruieren sollte. Deshalb wurden zwischen 1961 und 1964 insgesamt 230 alte Postwagen komplett neu aufgebaut. Um den Umbau zu vereinfachen, entschied man sich, die gleichen Aufbauten wie bei den Gepäckwagen mit den beiden schmalen Endeinstiegstüren zu verwenden. Allerdings besaßen die Seitenwände nach den Anforderungen nur eine einflügelige Schiebetür zum Be- und Entladen. Auch verzichtete man – wie bei Wagen der Deutschen Post üblich – auf Stirnübergänge.

Wie bei den Gepäckwagen dienten auch bei den Postwagen nur dreiachsige Wagen als Spenderfahrzeuge. Deren Laufwerke wurden zwar überarbeitet und wo es nötig war auch erneuert, zumeist blieben aber die alten Radsätze mit ihren Gleitlagern erhalten. Auch bei den Bremsen gab es unterschiedliche Ausführungen, darunter die Bauarten Westinghouse, Kunze-Knorr oder Hildebrandt-Knorr. Das Untergestell und die Radsatzabstände wurden auf eine einheitliche Länge gebracht. Seitenwände, Stirnwände und Dach wurden in Sektionsbauweise hergestellt und erst später miteinander verbunden. Während der Prototypwagen noch vier Fenster je Längsseite aufwies, besaßen die Serienwagen nur noch zwei Fenster auf jeder Seite. Die Fenster waren fest mit der Seitenwand verbunden, von innen vergittert und konnten oben nach innen geklappt werden. Neben den Ladetüren in der Wagenmitte installierte man an beiden Enden einfache Drehtüren.

Im Innenraum wurde an einem Ende eine Rangierkabine eingerichtet, die keine Verbindung zum Laderaum aufwies. Der andere Einstiegsraum war durch eine Tür mit dem Laderaum verbunden. Den Laderaum selbst führte man als Großraum aus. Weil sich die Post der DDR für den Postversand in Postrollgutbehältern entschieden hatte, gab es im Laderaum keine speziellen Einrichtungen. Die Wagen besaßen nur eine Glühlampenbeleuchtung, weil sie während der Fahrt nicht begleitet wurden. Ein über

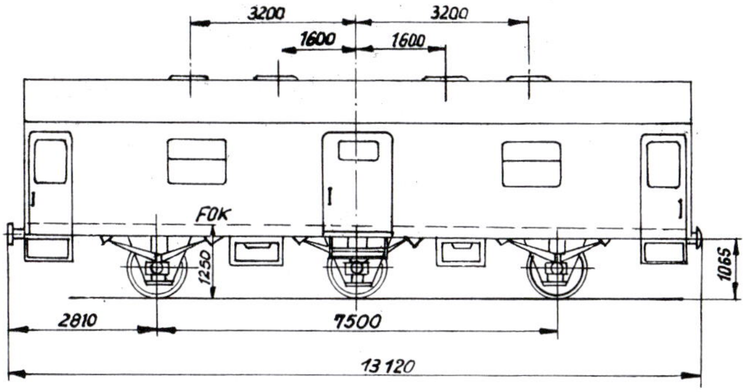

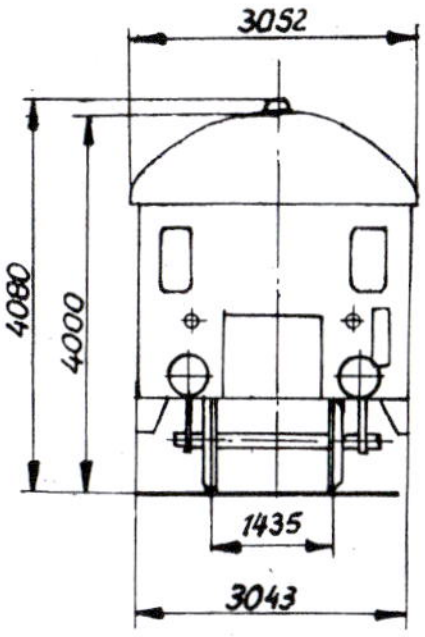

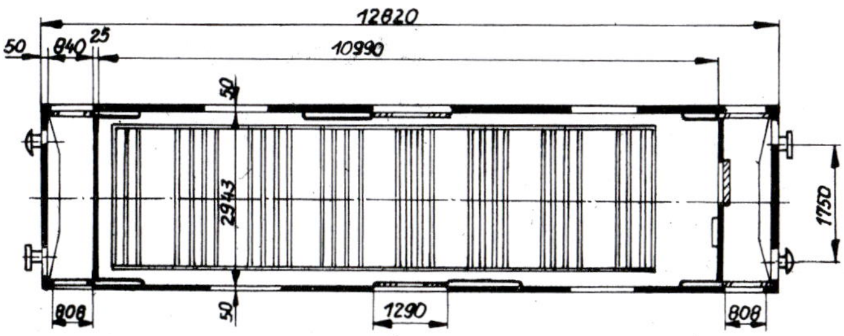

Flachriemen angetriebener Achsgenerator versorgte die Beleuchtung. Frische Luft gelangte über vier Lüfter auf dem Wagendach in die Innenräume. Die Wagen erhielten keine eigene Heizung, waren aber mit einer durchgehenden Hauptdampfleitung ausgestattet, so dass sie auch zwischen der Lokomotive und den nachfolgenden Reisezugwagen in Züge eingestellt werden konnten.

Bei ihrer Ablieferung hatten die Wagen einen grünen Kasten mit schwarzem Laufwerk und Untergestell. Das Dach erhielt einen grauen Anstrich. Als Zierelemente waren ein dicker heller Streifen unter den Fenstern und ein dünner Streifen zwischen Wagenkasten und Langträger vorhanden. Neben der Ladetür prangten das Posthorn und die Aufschrift »Deutsche Post«.

Technische Daten	
Länge über Puffer	**13.120 mm**
Breite	**3.043 mm**
Höhe	**4.080 mm**
Eigenmasse	**17.000 kg**
Radsatzstand	**7.500 mm**
Höchstgeschwindigkeit	**90 km/h**
Heizung	**keine**
Bremse	**unterschiedlich**
Erstes Umbaujahr	**1961**
Stückzahl	**159**
Gattungsnummer	**0594**

Modernisierungs-Postwagen Bauart Post 20

Die Deutsche Post der DDR benötigte aber nicht nur für Personenzüge neue Postwagen, auch die im Fernverkehr eingesetzten Wagen mussten dringend ersetzt bzw. erneuert werden. Weil sich aber auf Grund der politischen Lage keine Möglichkeit zur Beschaffung neuer Wagen abzeichnete, entschloss sich die Post, ihre vorhandenen Postwagen grundlegend umbauen und an die aktuellen Anforderungen für den Einsatz von Postrollgutbehältern anpassen zu lassen. In Zusammenarbeit mit dem MITROPA-Werk in Gotha entstand 1962 zunächst ein erster Probewagen, der sich mit einer Länge von 21,3 m äußerlich stark an die Modernisierungs-Wagen der DR anlehnte. Nach seiner Erprobung begann die Serienfertigung. Dabei entstanden entsprechend der Spenderwagen je eine Bauserie mit einer Länge von 21,3 m und eine mit einer Länge von 22,2 m.

Beim Umbau wurden die Laufwerke und Untergestelle aufgearbeitet, blieben aber weitgehend erhalten. Je nach Spender besaßen die Wagen Drehgestelle amerikanischer Bauart oder der Bauart Görlitz II schwer. Später wurden dann auch Drehgestelle der Bauart Görlitz Vs verwendet. Die Bremsen gehörten zu den Bauarten Westinghouse oder Knorr. Die Untergestelle erhielten eine Verstärkung zwischen Hauptquerträger und Kopfstücken. Der Wagenkasten entsprach in seinem grundsätzlichen Aufbau den Modernisierungs- bzw. Reko-Wagen. Sie besaßen aber keine Stirnübergänge.

Der Zugang erfolgte beim Prototyen und bei den kurzen Serienwagen durch einfache Drehtüren an beiden Wagenenden. Bei den langen Wagen gab es diese Türen nur noch an einem Ende. Beim Vorserienwagen führten die Türen am Nichthandbremsende in zwei Rangierkabinen, bei den Serienwagen wurde auf eine diese Kabinen verzichtet. Allen Wagen gemeinsam waren die beiden einflügeligen Ladetüren. Vier Seitenfenster brachten etwas Licht in den Laderaum. Der Laderaum teilte sich in Stellflächen für Postrollgutbehälter in Richtung der Wagenenden und einen Briefraum in der Wagenmitte. Hier konnten Briefsendungen bearbeitet werden. Im Briefraum befanden sich Briefverteilspinde, eine

feste und eine klappbare Tischplatte, drei Beutelspannen, eine Aussackplatte, ein Kleiderschrank und zwei Briefkästen mit Einwurfschlitzen in der Außenwand.

Die elektrischen Einrichtungen wurden aus Batterien gespeist, welche unter dem Wagenboden aufgehängt waren und die über Generatoren mit Flachriemenantrieb geladen wurden. Bei den Drehgestellen der Bauart Görlitz V wurden sie über eine Kardanwelle angetrieben. Die Innenräume konnten ausschließlich mit einer Ölheizung erwärmt werden. Dabei wurde die warme Luft über eine elektrisch angetriebene Druckbelüftung in die Räume eingeblasen. Eine Hauptdampfleitung und eine elektrische Durchgangsleitung ermöglichten den freizügigen Einsatz der Postwagen im Zugverband.

Die Wagen gelangten nach ihrer Indienststellung in den hochwertigen, auch internationalen Reisezugdienst. Sie wurden jedoch ab 1968 durch Neubauwagen aus diesem Bereich verdrängt und dann bevorzugt national eingesetzt. Nach der Wiedervereinigung gelangten sie 1990 zur Deutschen Bundespost, mussten aber bis 1993 komplett den Dienst quittieren.

Technische Daten	
Länge über Puffer	21.300 / 22.100 mm
Breite	2.800 mm
Höhe	3.980 mm
Drehzapfenabstand	14.000 / 14.810 mm
Radsatzstand	16.500 / 17.310 mm
Drehgestellbauart	am. Bauart, Görlitz II schwer, Görlitz V
Radsatzabstand Drehgestell	2.500 mm
Höchstgeschwindigkeit	120 km/h
Heizung	Öl
Bremse	unterschiedlich
Eigenmasse	36.000/39.000 kg
Erstes Baujahr	1962
Stückzahl	18

Postwagen Bauart Post 24

Bis in die 1960er Jahre musste sich die Deutsche Post der DDR mit Altbau- und modernisierten Gepäckwagen begnügen, weil es nicht gelang, mit Waggonbaufirmen passende Verträge auszuhandeln. Dazu kam, dass der Rat für Gegenseitige Wirtschaftshilfe (RGW) eine Spezialisierung der Waggonbaufirmen vorschrieb. Danach mussten die Hersteller in der DDR vorrangig Sitz-, Speise-, Schlaf- und Kühlwagen bauen. Die anderen Wagentypen sollten aus dem östlichen Ausland beschafft werden. 1964 konnte die Post nun mit der Waggonfabrik »Janko Gredelj« im damaligen Jugoslawien einen Vertrag über die Lieferung 40 neuer Postwagen abschließen. Zu dieser Zeit hatte sich bei den Sitzwagen bereits der von der OSShD eingeführte Typ B (später Typ Y und Y/B) mit einer Länge von 24,5 m und den hohen Dächern durchgesetzt. Um ein einheitliches Erscheinungsbild in den Schnellzügen zu erhalten, sollten sich die Postwagen an diese Typen anlehnen.

Ein erster Prototypwagen wurde 1966 fertiggestellt und an die Deutsche Post übergeben, welche den Wagen ausgiebig untersuchte. Die restlichen 39 Wagen dieser Serie gingen 1968 und 1969 in den Bestand der Post über. Da mit diesen Wagen der Bedarf aber noch nicht gedeckt werden konnte, zumal immer mehr Altbauwagen ausschieden, bestellte die Post Mitte der 1970er Jahre eine zweite Serie dieser Wagen. Der Grundaufbau blieb erhalten, wurde aber auf den neuesten technischen Stand gebracht. Diesmal war die ungarische Waggonfabrik »Rába« der Hersteller der 70 Wagen. Sie wurden 1977 und 1978 in zwei unterschiedlichen Versionen als Ein- und Mehrspannungsfahrzeuge abgeliefert.

Die Wagen liefen auf Drehgestellen der Bauart Görlitz V Post mit verstärktem Wiegenträger und besaßen eine Druckluft-Klotzbremse der Bauart Knorr. So konnte sie 140 km/h bzw. 160 km/h schnell fahren. Der Wagenkasten wurde in Leichtbauweise hergestellt und hatte, wie bei der Post der DDR üblich, keine Stirnübergänge. Weil der Wagenkasten 500 mm über den Pufferträger hinausreichte, musste der untere Bereich der Stirnwand in den »Berner Raum« hereingezogen werden.

Drehfalttüren in Standardbauweise an einem

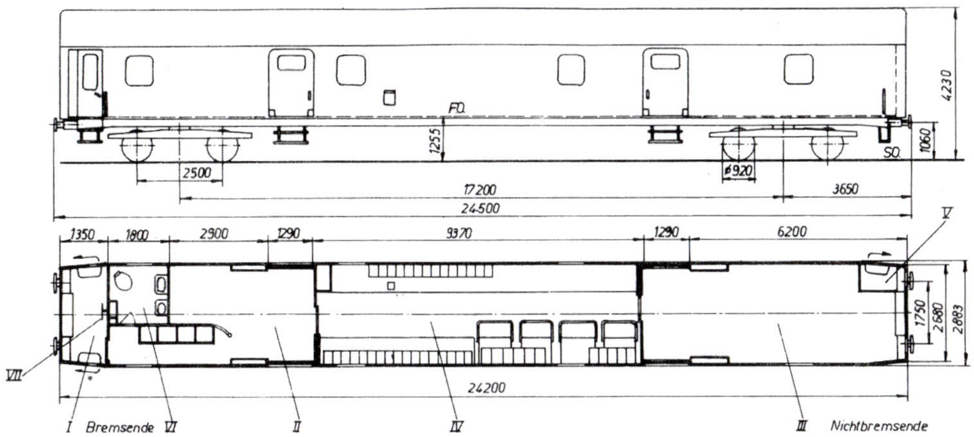

Wagenende ermöglichten den Zugang zu einer Rangierkabine, die nicht mit den Posträumen verbunden war. Die Posträume konnten durch zwei einfache Schiebetüren in jeder Längsseite betreten und beladen werden. Der Innenraum teilte sich in zwei Räume für Postrollgutbehälter an den Wagenenden. In den ab 1968 gebauten Wagen ließen sich 26 dieser Behälter verstauen. In den später gebauten Fahrzeugen waren es nur noch 15, denn hier war der Arbeitsraum in der Mitte der Wagen größer, weil u.a. die Sanitärräume an ein Wagenende verlegt wurden.

Im Briefraum konnten vier bis fünf Mitarbeiter die Briefsendungen versorgen. Dazu standen ihnen Fachwerkschränke mit 138 Briefverteilfächern, Beutelspannen und ein Aussacktisch mit Staubabsaugung zur Verfügung. Zudem befand sich hier die Toilette. Bei den neuen Wagen fanden 174 Verteilfächer im Arbeitsraum Platz. Während die alten Wagen nur mit Öl beheizt werden konnten, wurde die Heizung bei den neuen Wagen um elektrische Lufterhitzer ergänzt. Die Stromversorgung übernahmen zwei an den Drehgestellen montierte Drehstrom-Achsgeneratoren. Die Innenräume wurden durch Lichtbänder mit Leuchtstoffröhren erhellt.

Technische Daten	
Länge über Puffer	24.500 mm
Breite	2.883 mm
Höhe	4.230 mm
Radsatzstand	17.200 mm
Höchstgeschwindigkeit	140/160 km/h
Heizung	Öl, elektrisch
Bremse	KE-GPR-A
Eigenmasse	42.000 kg
Erstes Baujahr	1966
Stückzahl	110
Gattungsnummer	3757

Postwagen Bauart Post 26 (ex DBP)

Mitte der 1980er Jahre fehlten der Deutschen Post der DDR trotz der Neubauten abermals Wagen, um ihren Bedarf zu decken. Diesmal entschloss man sich aber nicht zu einem Neubau, sondern sah sich nach gebrauchten Wagen um. Fündig wurde die DDR-Post bei der Deutschen Bundespost, die sich bereit erklärte, elf Allesbahnpostwagen von 1954 (Bauart Post mr-a/26) und acht Paketbahnpostwagen von 1955 (Bauart Post m-p/26) abzugeben. Außerdem war die Übernahme von 15 Wagen des Baujahres 1958 (Bauart Post mr-a/26) geplant. Sie konnten aber erst 1991 fertiggestellt werden und kamen somit nicht mehr bei der Post der DDR zum Einsatz.

Die Wagen erhielten dann im Rahmen einer P2-Untersuchung bei der Bremer Waggonbau GmbH eine Aufarbeitung mit komplettem Neuanstrich, ehe sie in die DDR gingen. Die Post der DDR ließ die Wagen zunächst an ihren Bedarf anpassen und für die Beförderung von Postrollgutbehältern umbauen. Dazu gehörten u.a. der Ausbau der Briefräume und der Einbau tragfähiger Fußböden mit Riffelblechauflage. Die Stirnübergänge wurden fest verschlossen.

Als Laufwerke wählte die Deutsche Bundespost Drehgestelle der Bauart Minden-Deutz 50 mit Schraubenfedern, verstärktem Bremsgestänge und Doppelbremsklötzen. Untergestell und Wagenkasten waren in Leichtbauweise aus Walzprofilen hergestellt und vollständig geschweißt. Die vier einflügeligen Schiebetüren pro Längsseite blieben unverändert. Auch an den Fenstern gab es keine Veränderung. Weil die Wagen ohne Personal eingesetzt werden sollten, wurde die Heizung stillgelegt. Die Hauptdampfleitung und die elektrische Durchgangsleitung blieben aber erhalten, so dass die Wagen freizügig im Zugverband eingesetzt werden konnten.

Die Wagen bekamen den grünen Anstrich der DDR-Postwagen. Untergestell, Langträger, Seitenschürzen und Laufwerke waren schwarz gestrichen, das Dach hingegen grau.

Auf Zierelemente wurde verzichtet. Ein großes Posthorn und die Aufschrift »Deutsche Post« wiesen auf den neuen Eigentümer hin. Die Wagen wurden nach ihrer Übernahme bevorzugt von Berlin aus in Reisezügen eingesetzt. Nach der Verschmelzung der Deutschen Post mit der Deutschen Bundespost gelangten die Wagen in deren Bestand zurück, wurde aber bald darauf ausgemustert und verschrottet.

Technische Daten	
Länge über Puffer	26.400 mm
Breite	2.825 mm
Höhe	4.050 mm
Radsatzstand	19.000 mm
Höchstgeschwindigkeit	120 km/h
Heizung	keine
Bremse	KE-GPR-A
Eigenmasse	36.000 kg
Erstes Baujahr	1954
Stückzahl	19

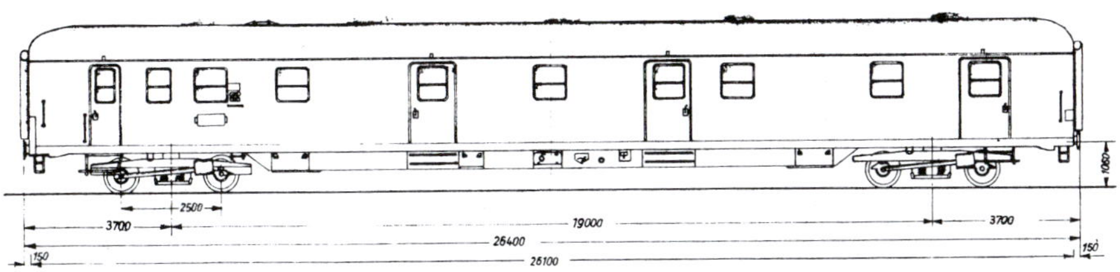

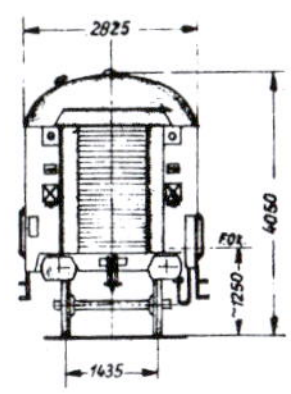

Schmalspurwagen

Neben den Strecken in Regelspur betrieb die Deutsche Reichsbahn auch mehrere Schmalspurbahnen in ihrem Netz. Deren Reisezüge setzten sich aus zahlreichen Bauarten zwei-, drei- und vierachsiger Wagen zusammen, welche die Reichsbahn nach ihrer Gründung zum Teil von der alten Deutschen Reichsbahn und zum Teil von den nun verstaatlichten Privatbahngesellschaften übernommen hatte. Diese Wagen mit ihren meist hölzernen Aufbauten wurden zunächst aufgearbeitet und für den Weiterbetrieb hergerichtet. Mitte der 1950er Jahre zeigte sich aber, dass diese Maßnahmen nicht ausreichten und der Reisezugwagenpark der Schmalspurbahnen grundlegend erneuert werden musste. Dies konnte entweder durch Neubeschaffungen oder durch einen kompletten Umbau alter Wagen geschehen.

Ab 1957 begann die Bahn damit, die alten Verkleidungen aus Holz gegen solche aus Stahlblech auszutauschen, wobei das alte Holzgerippe der Kästen dabei erhalten blieb. Zwei Jahre später entwickelte das Raw Karl-Marx-Stadt erste Pläne, die alten Holzkästen durch eine Stahlkonstruktion zu ersetzen. Auch die Untergestelle sollten dabei aufgearbeitet werden. Diese Pläne wurden aber zunächst verworfen und kamen erst in den 1970er Jahren wieder auf den Tisch. Die Modernisierung sah nun vor, Untergestell und Dach vom Wagenkasten zu trennen und nur aufzuarbeiten, während der Kasten einer Neukonstruktion aus Stahl weichen sollte. Bei der Aufarbeitung der Laufwerke und Untergestelle bekamen die Wagen ohne Bremse eine Druckluft-Klotzbremse.

Weil die Spenderwagen unterschiedliche Breiten aufwiesen, Untergestelle und Dächer aber nicht verändert wurden, besaßen auch die umgebauten Wagen unterschiedliche Breiten. Bei den Einheitswagen wurden ehemalige

970-576
KB4p
DR

970-395
KB
DR

DR

099 905-2

2./3. Klasse-Wagen und reine 3. Klasse-Wagen modernisiert. Beide Bauarten erhielten die gleichen Seitenwände und Inneneinrichtungen und wurden der 2. Klasse zugeordnet.

Erst Anfang der 1980er Jahre legte die Werkabteilung Perleberg die einheitliche Breite von 2.480 mm für die Wagenkästen der Schmalspurwagen fest. So konnte nun 2+2-Sitzanordnung eingebaut und die Sitzplatzanzahl pro Wagen deutlich gesteigert werden. Außerdem ermöglichte die einheitliche Breite eine Tonnendachform für alle Wagen. Die alten Fallfenster wurden durch neue Fenster ersetzt, deren oberer Teil nach innen geklappt werden konnte. Die Fahrgasträume wurden neu eingerichtet und mit aus Stahlrohren gefertigten Sitzbänken bestückt, deren gepolsterte Sitzflächen und Rückenlehnen mit Kunstleder bezogen waren. Die teilweise noch vorhandenen, geflochtenen Gepäcknetze wurden gegen solche aus Stahl ausgetauscht. Außerdem wurde eine Toilette eingebaut. Die offenen Übergangsbühnen mit den Klappgittern und den Stirnwand-Eingangstüren blieben erhalten. Die Wagen wurden auf elektrische Innenbeleuchtung und auf eine durchgehende Dampfheizung umgestellt. Einige Wagen behielten aber die Einzelöfen, denn sie kamen bei Güterzügen mit Personenbeförderung (GmP) zum Einsatz, bei denen die Heizleitung nicht angeschlossen werden konnte.

Die Modernisierung begann 1977 und bis 1983 waren die zahlreichen Wagen der Gattungen 711, 720 und 729 aufgearbeitet, welche Baujahre zwischen 1907 und 1929 aufwiesen. Dazu kam noch die Aufarbeitung einiger Einheitswagen mit den Baujahren 1929 bis 1932. Zwischen 1981 und 1986 führte die Reichsbahn auch Wagen mit den Spurweiten 900 mm (Bäderbahn Bad Doberan – Kühlungsborn) und 1.000 mm (Harzquer- und Selketalbahn) der Modernisierung zu. Außer Sitzwagen wurden für alle Spurweiten auch Gepäckwagen modernisiert. Mit diesen Wagen konnte der Bedarf aber noch nicht gedeckt werden, so dass zwischen 1990 und 1992 weitere Wagen in Perleberg umgebaut wurden. Im Gegensatz zu den Vorgängern erhielten sie aber ein neues, durchlaufendes Tonnendach ohne die herabgezogenen Dachenden und moderne breite Übersetzfenster.

Nach dem Umbau dieser Wagen wurde Perleberg geschlossen und damit endete die Modernisierung der Schmalspurwagen.
Die letzten Rekowagen wurden schließlich Anfang der 1990er Jahre an die Weißeritztalbahn geliefert. Diese Wagen bekamen komplett neue Einstiegsbühnen und einige von ihnen neue Übersetzfenster.
1992 und 1993 fertigte das Raw Wittenberge für die Harzer Schmalspurbahnen GmbH (HSB)

sogar 14 neue Reisezugwagen, von denen die HSB zwei in Café-Wagen umbauen ließ. Während die Wagen der Spurweite von 750 mm wieder den traditionellen grünen Wagenkasten erhielten, entschied man sich bei den Sitzwagen für die Spurweiten 900 und 1.000 mm für einen zweifarbigen Wagenkasten. Bei ihnen bekam die Brüstung einen weinroten Anstrich, während das Fensterband beigefarben lackiert wurde. Für die Gepäckwagen wählte man einen komplett roten Anstrich der Wagenkästen.

WEITERE INTERESSANTE BÜCHER ZUM THEMA

Diese überarbeitete Neuauflage enthält alle wichtigen Informationen über die Loks und Triebwagen der Deutschen Reichsbahn der DDR von 1949 bis 1990. Dabei werden die rekonstruierten Dampfloks genauso berücksichtigt wie die aus der UdSSR beschafften Dieselloks und die elektrischen Triebwagen der Berliner S-Bahn.

144 Seiten, 150 Abb., Format 170 x 240 mm
ISBN 978-3-613-71661-2
€ 19,95 / € (A) 20,60

Dieses Buch bietet kurze, prägnannte Informationen über Entwicklung, Geschichte und Einsatz der wichtigsten deutschen Dieselloks sowie ihre technischen Daten. Dabei werden importierte Maschinen genauso wie die für Privatbahnen entwickelten und produzierten Loks vorgestellt.

144 Seiten, 150 Abb., Format 170 x 240 mm
ISBN 978-3-613-71660-5
€ 19,95 / € (A) 20,60

Alle Lokomotiven und Triebwagen der Österreichischen Bundesbahnen (ÖBB) präsentiert Roland Beier in Wort und Bild – mit neuen Fahrzeugen, bewährten Baureihen und erhaltenen Loks. Die wichtigsten technische Daten sowie ein Abkürzungsverzeichnis vervollständigen dieses Buch.

144 Seiten, 130 Abb., Format 210 x 280 mm
ISBN 978-3-613-71646-9
€ 19,95 / € (A) 20,60

In bewährter Form stellt Cyrill Seifert alle Loks und Triebwagen der Schweizerischen Bundesbahnen (SBB) vor. Komprimiert beschreibt der Autor die Geschichte und Entwicklung der einzelnen Fahrzeuge, inklusive ihrer wichtigen technischen Daten und einem anschaulichen Foto.

144 Seiten, 130 Abb., Format 210 x 280 mm
ISBN 978-3-613-71647-6
€ 19,95 / € (A) 20,60

Leseproben zu allen Titeln auf unserer Internetseite

Stand April 2025
Änderungen in Preis und Lieferfähigkeit vorbehalten.

Überall, wo es Bücher gibt, oder unter
WWW.MOTORBUCH-VERSAND.DE
Service-Hotline: 0711 / 78 99 21 51